环球网校

二级造价师

同步章节必刷题

建设工程计量与计价实务（土木建筑工程）

环球网校造价工程师考试研究院　主编

U0242404

东南大学出版社
SOUTHEAST UNIVERSITY PRESS
·南京·

图书在版编目(CIP)数据

建设工程计量与计价实务.土木建筑工程/环球网
校造价工程师考试研究院主编.—南京:东南大学出版
社,2023.11

二级造价师同步章节必刷题

ISBN 978 - 7 - 5766 - 0971 - 4

Ⅰ.①建…　Ⅱ.①环…　Ⅲ.①土木工程—建筑造价管
理—资格考试—习题集　Ⅳ.①TU723.3 - 44

中国国家版本馆 CIP 数据核字(2023)第 215867 号

责任编辑:马伟　责任校对:韩小亮　封面设计:环球网校·志道文化　责任印制:周荣虎

建设工程计量与计价实务(土木建筑工程)

Jianshe Gongcheng Jiliang yu Jijia Shiwu(Tumu Jianzhu Gongcheng)

主　　编:环球网校造价工程师考试研究院

出版发行:东南大学出版社

出 版 人:白云飞

社　　址:南京四牌楼 2 号　邮编:210096　电话:025 - 83793330

网　　址:http://www.seupress.com

电子邮件:press@seupress.com

经　　销:全国各地新华书店

印　　刷:三河市中晟雅豪印务有限公司

开　　本:787 mm×1 092 mm　1/16

印　　张:9

字　　数:222 千字

版　　次:2023 年 11 月第 1 版

印　　次:2023 年 11 月第 1 次印刷

书　　号:ISBN 978 - 7 - 5766 - 0971 - 4

定　　价:45.00 元

本社图书若有印装质量问题,请直接与营销部联系。电话(传真):025 - 83791830

环球君带你学造价

《造价工程师职业资格制度规定》指出造价工程师纳入国家职业资格目录，属于准入类职业资格。工程造价咨询企业、工程建设活动中有关工程造价管理的岗位，应按需要配备造价工程师。二级造价工程师主要协助一级造价工程师开展相关工作，可独立开展以下具体工作：建设工程工料分析、计划、组织与成本管理；施工图预算、设计概算编制；建设工程量清单、最高投标限价、投标报价编制；建设工程合同价款、结算价款和竣工决算价款的编制。取得二级造价工程师职业资格，可认定具备助理工程师职称，并可作为申报高一级职称的条件。因此，近年来，二级造价工程师的考生人数逐年增加，但考试通过率不高，考试难度较大。

二级造价工程师职业资格考试设2个科目：基础科目——建设工程造价管理基础知识；专业科目——建设工程计量与计价实务。其中，专业科目分为土木建筑工程、交通运输工程、水利工程和安装工程4个专业类别，考生在报名时可根据实际工作需要选择其一。二级造价工程师职业资格考试成绩实行2年为一个周期的滚动管理办法，参加全部2个科目考试的人员必须在连续的2个考试年度内通过全部科目，方可取得二级造价工程师职业资格证书。

为帮助考生合理进行复习规划、巩固知识、理顺思路、提高应试能力，环球网校造价工程师考试研究院依据《二级造价工程师职业资格考试大纲》，精心选择并剖析常考知识点，倾心打造了这本同步章节必刷题。环球网校造价工程师考试研究院建议您按照如下方法使用本书：

◇ **科学规划 强化做题**

本套必刷题对二级造价工程师职业资格考试的章节习题进行了梳理，按照章节顺序分配到8周中，为考生提供了强化阶段的科学的复习规划。其中，前7周的主要学习任务是完成章节练习，查漏补缺，巩固知识；做完章节练习题，掌握全书知识脉络后，一定要做套卷进行模拟考试，因此第8周的主要学习任务是做真题汇编，进行实战演练，做好考试准备。建议考生在具备基本的专业知识和能力后，在强化阶段使用本套习题集，达到最佳复习效果。此外，坚持连续8周做题，有助于养成持之以恒的学习习惯，而好的学习习惯将使您受益终身。

◇ **以题带学 夯实基础**

学习方法有很多种，其中通过做题带动知识点的学习，无疑是效率极高的一种方法。环球网校造价工程师考试研究院依据最新考试大纲，按知识点精心选编章节习题，并对习题进行了分类——标注"必会"的知识点及题目是需要考生重点掌握的；标注"重要"的知识点及题目需要考生会做并能运用。此外，对于典型的题目，还设置了

"名师点拨"栏目，提醒您掌握做题思路、记忆方法，从而进一步提升应试能力。

◇ "码"上听课 高效备考

本书配有章节导学课，由环球网校造价工程师考试研究院的一线名师为大家讲解如何学习，您可以结合章节思维导图听章节导学课，构建知识框架，增强知识间的联系，从而提升专业能力，高效备考，顺利通过考试。

特别感谢环球网校造价工程师考试研究院的胡倩倩、武立叶、张静、吕浩、代玲敏、刘帅等老师的倾力付出。本套辅导用书在编写过程中，虽几经斟酌和校阅，仍难免有不足之处，恳请广大读者和考生予以批评指正。

相信本书可以帮助广大考生在短时间内熟悉出题"套路"、学会解题"思路"、找到破题"出路"。在二级造价工程师职业资格考试之路上，环球网校与您相伴，助您一次通关！

请大胆写出你的得分目标_____

环球网校造价工程师考试研究院

目录

增值服务

看课扫我

做题扫我

时间管理达人

专为应试而打造

第一章

专业基础知识

（建议学习时间：**1.5**周）

学习计划（第1.5周）：

Day 1   Day 8

Day 2   Day 9

Day 3   Day 10

Day 4

Day 5

Day 6

Day 7

扫码即听
本章导学

第一章 专业基础知识

▦ 知识脉络

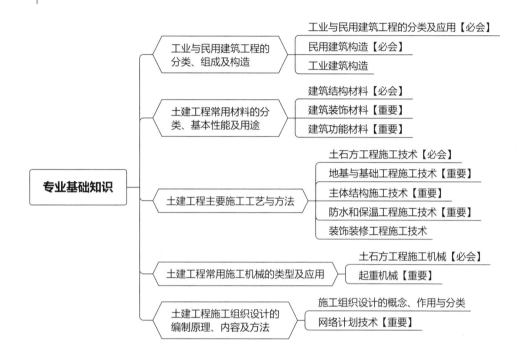

第一节 工业与民用建筑工程的分类、组成及构造

考点 1 工业与民用建筑工程的分类及应用【必会】

一、单项选择题

1. 按照建筑使用功能及属性分类，医院属于（ ）。
   A. 农业建筑
   B. 居住建筑
   C. 工业建筑
   D. 公共建筑

2. 按照建筑使用性质分类，下列不属于民用建筑的是（ ）。
   A. 办公楼
   B. 电影院
   C. 多层厂房
   D. 住宅小区

3. 适用于有大型机器设备或重型起重运输设备制造的厂房是（ ）。
   A. 单层厂房
   B. 2 层厂房
   C. 多层厂房
   D. 混合层数厂房

4. 柱与屋架铰接连接的工业建筑结构是（ ）。
   A. 网架结构
   B. 排架结构
   C. 刚架结构
   D. 空间结构

5. 某 27m 高的 8 层住宅属于（　　）。

    A. 低层建筑   B. 多层建筑

    C. 中高层建筑   D. 高层建筑

6. 某二层楼板的影剧院，建筑高度为 26m，该建筑属于（　　）。

    A. 低层建筑   B. 多层建筑

    C. 中高层建筑   D. 高层建筑

7. 某单层火车站候车厅的高度为 27m，该建筑属于（　　）。

    A. 单层或多层建筑   B. 高层建筑

    C. 中高层建筑   D. 单层建筑

8. 下列属于高层建筑的是（　　）。

    A. 6 层以上的住宅   B. 建筑高度大于 24m 的住宅

    C. 高度大于 100m 的民用建筑   D. 建筑高度大于 24m 的 3 层公共建筑

9. 按照建筑的耐久年限划分，二级建筑耐久年限为 50～100 年，适用于（　　）。

    A. 重要建筑   B. 一般性建筑

    C. 次要建筑   D. 临时性建筑

10. 适合开间进深较小、房间面积小、多层或低层建筑的结构形式为（　　）。

    A. 砖木结构   B. 砖混结构

    C. 钢结构   D. 型钢混凝土组合结构

11. 下列关于装配式混凝土结构的说法，错误的是（　　）。

    A. 建造速度快   B. 节能、环保

    C. 节约劳动力   D. 施工受气候条件制约大

12. 下列不属于剪力墙体系特点的是（　　）。

    A. 剪力墙的墙段长度一般不超过 8m

    B. 剪力墙一般为钢筋混凝土墙，厚度不小于 160mm

    C. 一般适用于小开间的住宅和旅馆

    D. 在 300m 高的范围内都可以适用

13. 高层建筑抵抗水平荷载最有效的结构是（　　）。

    A. 剪力墙结构   B. 框架结构

    C. 筒体结构   D. 混合结构

14. 拱是一种有推力的结构，主要内力是（　　）。

    A. 弯曲应力   B. 轴向拉力

    C. 轴向压力   D. 轴向力

15. 设计跨度为 120m 的展览馆，应优先采用（　　）。

    A. 桁架结构   B. 筒体结构

    C. 网架结构   D. 悬索结构

16. 建飞机库应优先考虑的承重体系是（　　）。

    A. 薄壁空间结构体系   B. 悬索结构体系

    C. 拱式结构体系   D. 网架结构体系

二、多项选择题

17. 与钢筋混凝土结构相比，型钢混凝土组合结构的优点在于（　　）。

    A. 承载力大   B. 防火性能好

C. 抗震性能好
D. 刚度大

E. 节约钢材

18. 下列关于混合结构体系的说法，正确的有（　　　）。

A. 大多用在住宅、办公楼、教学楼建筑中

B. 纵墙承重方案的特点是楼板直接支承于墙上

C. 横墙承重方案的特点是楼板支承于梁上，梁把荷载传递给墙

D. 纵墙承重的优点是房间的开间较大，布置灵活

E. 横墙承重的优点是整体性好，横向刚度大，平面使用灵活性好

19. 网架结构体系的特点有（　　　）。

A. 空间受力体系，整体性能好

B. 杆件轴向受力合理，节约材料

C. 高次超静定，稳定性差

D. 杆件适于工业化生产

E. 结构刚度小，抗震性能差

考点 2　民用建筑构造【必会】

一、单项选择题

20. 下列不属于民用建筑六大组成部分的是（　　　）。

A. 地基
B. 基础

C. 楼梯
D. 门窗

21. 关于刚性基础的说法，正确的是（　　　）。

A. 基础大放脚应超过基础材料刚性角范围

B. 基础大放脚与基础材料刚性角一致

C. 基础宽度应超过基础材料刚性角范围

D. 基础深度应超过基础材料刚性角范围

22. 柔性基础的主要优点在于（　　　）。

A. 取材方便
B. 造价较低

C. 挖土深度小
D. 施工便捷

23. 如地基基础软弱而荷载又很大，采用十字交叉基础仍不能满足要求或相邻基槽距离很小时，可用钢筋混凝土做成整块，形成（　　　）。

A. 条形基础
B. 独立基础

C. 箱形基础
D. 片筏基础

24. 对于地基软弱土层厚、荷载大和建筑面积不太大的一些重要高层建筑物，最常采用的基础构造形式为（　　　）。

A. 独立基础
B. 柱下十字交叉基础

C. 片筏基础
D. 箱形基础

25. 当建筑物荷载较大，地基的软弱土层厚度在 5m 以上，基础不能埋在软弱土层内，或对软弱土层进行人工处理困难和不经济时，常采用（　　　）基础。

A. 条形
B. 十字交叉

C. 筏形
D. 桩基础

26. 建筑物基础埋深指的是（　　　）。

A. 从 +0.00 到基础底面的垂直距离

B. 从室外地面到基础顶面的垂直距离

C. 从室外设计地面到垫层底面的垂直距离

D. 从室外设计地面到基础底面的垂直距离

27. 下列有关地基与基础的说法，正确的是（   ）。

    A. 地基是建筑物的一个组成部分

    B. 埋深是从室外设计地面至基底垫层底面的垂直距离

    C. 埋深小于基础宽度 4 倍的基础称为浅基础

    D. 地基软弱土层厚、荷载大和建筑面积不太大的一些重要建筑物常采用柱下十字交叉
       基础

28. 地下室的所有墙体都必须设（   ）道水平防潮层。

    A. 1   B. 2

    C. 3   D. 4

29. 按构造方式不同，空斗墙属于（   ）。

    A. 实体墙   B. 普通砖墙

    C. 空体墙   D. 组合墙

30. 当室内地面均为实铺时，外墙墙身防潮层应设在（   ）处。

    A. 室内地坪以下 60mm   B. 室内地坪以上 60mm

    C. 室外地坪以下 60mm   D. 室外地坪以上 60mm

31. 关于墙体构造的说法，正确的是（   ）。

    A. 室内地面均为实铺时，外墙墙身防潮层应设在室外地坪以下 60mm 处

    B. 墙体两侧地坪不等高时，墙身防潮层应设在较低一侧地坪以下 60mm 处

    C. 年降雨量小于 900mm 的地区只需设置明沟

    D. 散水宽度一般为 600～1000mm

32. 某厂房圈梁上皮标高是 2.500m，墙体有门洞，宽度为 3m，门洞上设置附加梁，上皮标
    高 3.500m，则附加梁长度可以为（   ）m。

    A. 4   B. 5

    C. 6   D. 8

33. 为防止房屋因温度变化产生裂缝而设置的变形缝为（   ）。

    A. 沉降缝   B. 防震缝

    C. 施工缝   D. 伸缩缝

34. 变形缝中基础部分必须断开的是（   ）。

    A. 伸缩缝   B. 温度缝

    C. 沉降缝   D. 施工缝

35. 对荷载较大、管线较多的商场，比较适合采用的现浇钢筋混凝土楼板是（   ）。

    A. 板式楼板   B. 梁板式肋形楼板

    C. 井字形肋楼板   D. 无梁式楼板

36. 井字形密肋楼板的肋高一般为（   ）。

    A. 90～120mm   B. 120～150mm

    C. 150～180mm   D. 180～250mm

37. 某宾馆门厅 9m×9m，为了提高净空高度，宜优先选用（   ）。

    A. 普通板式楼板   B. 梁板式肋形楼板

C. 井字形密肋楼板　　　　　　　　　　　　　D. 普通无梁楼板

38. 现浇钢筋混凝土无梁楼板板厚通常不小于（　　　）。

　　A. 80mm　　　　　　　　　　　　　　　　B. 100mm

　　C. 120mm　　　　　　　　　　　　　　　　D. 130mm

39. 悬挑式阳台，其悬挑长度一般为（　　　）。

　　A. 0.9～1.5m　　　　　　　　　　　　　　B. 1.0～1.5m

　　C. 1.1～1.5m　　　　　　　　　　　　　　D. 1.2～1.5m

40. 挑梁式悬挑阳台，挑梁压入墙内的长度一般为悬挑长度的（　　　）倍左右。

　　A. 1　　　　　　　　　　　　　　　　　　B. 1.2

　　C. 1.5　　　　　　　　　　　　　　　　　D. 2

41. 下列关于楼梯的说法，不正确的是（　　　）。

　　A. 梯段的踏步数一般不宜超过18级，不宜少于3级

　　B. 当荷载或梯段跨度较大时，采用梁式楼梯比较经济

　　C. 楼梯梯段净高不宜小于2.20m

　　D. 大型构件装配式楼梯是由楼梯段和带有平台梁的休息平台板两大构件组合而成

42. 平屋顶当采用材料找坡时坡度宜为（　　　），当采用结构起坡时坡度宜为（　　　）。

　　A. 1%、2%　　　　　　　　　　　　　　　B. 2%、1%

　　C. 2%、3%　　　　　　　　　　　　　　　D. 3%、2%

43. 高层建筑的屋面排水应优先选择（　　　）。

　　A. 内排水　　　　　　　　　　　　　　　　B. 外排水

　　C. 无组织排水　　　　　　　　　　　　　　D. 天沟排水

44. 平屋顶整体现浇混凝土板上的水泥砂浆找平层厚度一般是（　　　）。

　　A. 15～20mm　　　　　　　　　　　　　　B. 20～25mm

　　C. 25～30mm　　　　　　　　　　　　　　D. 30～35mm

45. 为了防止卷材屋面防水层出现龟裂，应采取的措施是（　　　）。

　　A. 设置分仓缝　　　　　　　　　　　　　　B. 设置隔气层或排气通道

　　C. 铺绿豆砂保护层　　　　　　　　　　　　D. 铺设钢筋片

46. 平屋面的涂膜防水构造有正置式和倒置式之分，所谓"正置式"是指（　　　）。

　　A. 隔热保温层在涂膜防水层之上

　　B. 隔热保温层在找平层之上

　　C. 隔热保温层在涂膜防水层之下

　　D. 基层处理剂在找平层之下

二、多项选择题

47. 提高墙体抗震性能的细部构件有（　　　）。

　　A. 圈梁　　　　　　　　　　　　　　　　　B. 过梁

　　C. 构造柱　　　　　　　　　　　　　　　　D. 沉降缝

　　E. 伸缩缝

48. 构造柱一般在（　　　）部位设置，沿整个建筑高度贯通，并与圈梁、地梁现浇成一体。

　　A. 建筑物四周　　　　　　　　　　　　　　B. 纵横墙相交处

　　C. 楼梯间转角处　　　　　　　　　　　　　D. 沉降缝处

　　E. 变形缝处

49. 外墙的保温构造，按其保温层所在的位置不同分为（   ）。

    A. 单一保温外墙   B. 外保温外墙

    C. 内保温外墙   D. 夹芯保温外墙

    E. 多层保温外墙

50. 与外墙内保温相比，外墙外保温的优点在于（   ）。

    A. 有良好的建筑节能效果

    B. 有利于提高室内温度的稳定性

    C. 有利于降低建筑物造价

    D. 有利于减少温度波动对墙体的破坏

    E. 有利于延长建筑物使用寿命

51. 下列关于外墙内保温的特点，说法正确的有（   ）。

    A. 有利于安全防火

    B. 热桥保温处理困难，易出现结露现象

    C. 保温层易出现裂缝

    D. 对提高室内温度的稳定性有利

    E. 旧房的节能改造中对居住者影响较小

52. 楼板的构造组成一般有（   ）。

    A. 面层   B. 结构层

    C. 基层   D. 垫层

    E. 顶棚

53. 阳台按其与外墙的相对位置分为（   ）。

    A. 挑阳台   B. 凹阳台

    C. 生活阳台   D. 半凹半挑阳台

    E. 中间阳台

54. 坡屋顶的承重结构划分有（   ）。

    A. 硬山搁檩   B. 屋架承重

    C. 刚架结构   D. 梁架结构

    E. 钢筋混凝土梁板承重

考点 3   工业建筑构造

一、单项选择题

55. 单层工业厂房中，与横向排架构成骨架，保证厂房的整体性和稳定性的构件是（   ）。

    A. 横向排架   B. 纵向连系构件

    C. 围护结构支撑   D. 系统构件

56. 单层工业厂房柱间支撑的作用是（   ）。

    A. 提高厂房局部竖向承载能力   B. 方便检修维护吊车梁

    C. 提升厂房内部美观效果   D. 加强厂房纵向刚度和稳定性

二、多项选择题

57. 单层工业厂房中，围护结构包括（   ）。

    A. 连系梁   B. 柱间支撑

    C. 屋盖支撑   D. 外墙

    E. 屋顶

58. 单层厂房纵向连系构件包括（　　　）。

    A. 吊车梁   B. 圈梁

    C. 屋架   D. 连系梁

    E. 基础

第二节　土建工程常用材料的分类、基本性能及用途

考点 1　建筑结构材料【必会】

一、单项选择题

1. 热轧钢筋的级别提高，则其（　　　）。

    A. 屈服强度提高，极限强度下降

    B. 极限强度提高，塑性提高

    C. 屈服强度提高，塑性下降

    D. 屈服强度提高，塑性提高

2. 大型屋架、薄腹梁、吊车梁及大跨度桥梁等大负荷的预应力混凝土结构，应优先选用（　　　）。

    A. CRB600H 钢筋   B. 预应力混凝土钢绞线

    C. 冷拔低碳钢丝   D. 冷轧带肋钢筋

3. 冷轧带肋钢筋中用于普通钢筋混凝土的钢筋牌号是（　　　）。

    A. CRB650   B. CRB550

    C. CRB800   D. CRB800H

4. 既可作为普通钢筋混凝土用钢筋，也可作为预应力混凝土用钢筋使用的是（　　　）。

    A. HPB300   B. CRB550

    C. CRB600H   D. CRB680H

5. 钢材 CDW550 主要用于（　　　）。

    A. 地铁钢轨   B. 预应力钢筋

    C. 吊车梁主筋   D. 构造钢筋

6. 钢材的最主要性能是（　　　）。

    A. 冷弯性能   B. 冲击韧性

    C. 抗拉性能   D. 耐疲劳性

7. 钢材抵抗冲击载荷能力指的是（　　　）。

    A. 硬度   B. 冲击韧性

    C. 耐疲劳   D. 冷弯性能

8. 钢筋抗拉性能的技术指标主要是（　　　）。

    A. 疲劳极限、伸长率   B. 屈服强度、伸长率

    C. 塑性变形、屈强比   D. 弹性变形、屈强比

9. 在工程应用中，钢筋的塑性指标通常用（　　　）表示。

    A. 抗拉强度   B. 屈服强度

    C. 强屈比   D. 伸长率

10. 钢材的屈强比越小，则（　　　）。

    A. 结构的安全性越高，钢材的有效利用率越低

B. 结构的安全性越高，钢材的有效利用率越高

C. 结构的安全性越低，钢材的有效利用率越低

D. 结构的安全性越低，钢材的有效利用率越高

11. 通常要求普通硅酸盐水泥的初凝时间和终凝时间分别为（　　）。

    A. ＞45min 和＞10h

    B. ＞45min 和＜10h

    C. ＜45min 和＜10h

    D. ＜45min 和＞10h

12. 关于建筑工程中常用水泥性能与技术要求的说法，正确的是（　　）。

    A. 水泥的终凝时间是从水泥加水拌合至水泥浆开始失去可塑性所需的时间

    B. 六大常用水泥的初凝时间均不得长于 45min

    C. 水泥的体积安定性不良是指水泥在凝结硬化过程中产生不均匀的体积变化

    D. 水泥强度是指水泥净浆的强度

13. 适用于早期强度较高、凝结硬化快、冬期施工工程的水泥是（　　）。

    A. 普通硅酸盐水泥

    B. 矿渣硅酸盐水泥

    C. 火山灰质硅酸盐水泥

    D. 粉煤灰硅酸盐水泥

14. 有耐火要求的混凝土应采用（　　）。

    A. 硅酸盐水泥

    B. 普通硅酸盐水泥

    C. 矿渣硅酸盐水泥

    D. 火山灰质硅酸盐水泥

15. 铝酸盐水泥主要适宜的作业范围是（　　）。

    A. 与石灰混合使用

    B. 高温季节施工

    C. 蒸汽养护作业

    D. 交通干道抢修

16. 对于较高强度的混凝土，水泥强度宜为混凝土强度等级的（　　）。

    A. 1.2～1.5 倍

    B. 1.5～2.0 倍

    C. 1.8～2.2 倍

    D. 0.9～1.5 倍

17. 在砂用量相同的情况下，若砂子过细，则拌制的混凝土（　　）。

    A. 黏聚性差

    B. 易产生离析现象

    C. 易产生泌水现象

    D. 水泥用量增大

18. 根据《混凝土结构工程施工规范》（GB 50666—2011）规定，下列关于配置混凝土石子的最大粒径的说法，错误的是（　　）。

    A. 不得超过结构截面最小尺寸的 1/4

    B. 不超过钢筋间最小净距的 3/4

    C. 混凝土实心板，粗骨料最大粒径不宜超过板厚的 1/3

    D. 混凝土实心板，粗骨料最大粒径不得超过 50mm

19. 混凝土拌合物坍落度基本相同的条件下，能减少拌合水用量的外加剂是（　　）。

    A. 减水剂

    B. 早强剂

    C. 引气剂

    D. 泵送剂

20. 混凝土的立方体抗压强度是指在标准养护条件下养护到（　　）d，按照标准的测定方法测定其抗压强度值。

    A. 7

    B. 14

    C. 28

    D. 30

21. 抗渗混凝土的抗渗性能不得小于（　　）。

    A. P4

    B. P6

C. P8
D. P10

22. 非承重墙应优先采用（　　　）。
　　A. 烧结空心砖
　　B. 烧结多孔砖
　　C. 粉煤灰砖
　　D. 煤矸石砖

23. 在水泥石灰砂浆中，掺入石灰膏是为了（　　　）。
　　A. 提高和易性
　　B. 提高强度
　　C. 减少水泥用量
　　D. 缩短凝结时间

二、多项选择题

24. 下列钢材性能中，属于工艺性能的有（　　　）。
　　A. 拉伸性能
　　B. 冲击性能
　　C. 疲劳性能
　　D. 弯曲性能
　　E. 焊接性能

25. 常用于普通钢筋混凝土的冷轧带肋钢筋有（　　　）。
　　A. CRB650
　　B. CRB800
　　C. CRB550
　　D. CRB600H
　　E. 热处理钢筋

26. 判定硅酸盐水泥是否废弃的技术指标有（　　　）。
　　A. 体积安定性
　　B. 水化热
　　C. 水泥强度
　　D. 水泥细度
　　E. 初凝时间

27. 普通硅酸盐水泥的主要特性有（　　　）。
　　A. 耐热性较好
　　B. 耐水性较差
　　C. 早期强度高、凝结硬化快
　　D. 水化热较小
　　E. 耐腐蚀性好

28. 引气剂主要改善混凝土的（　　　）。
　　A. 凝结时间
　　B. 拌合物流变性能
　　C. 耐久性
　　D. 早期强度
　　E. 后期强度

29. 混凝土强度的决定性因素有（　　　）。
　　A. 水灰比
　　B. 骨料的颗粒形状
　　C. 砂率
　　D. 拌合物的流动性
　　E. 养护湿度

30. 混凝土拌合物的和易性包括（　　　）。
　　A. 保水性
　　B. 耐久性
　　C. 黏聚性
　　D. 流动性
　　E. 抗冻性

31. 混凝土的耐久性主要体现在（　　　）。
　　A. 抗压强度
　　B. 抗折强度
　　C. 抗冻等级
　　D. 抗渗等级
　　E. 抗碳化能力

32. 与普通混凝土相比，高性能混凝土的明显特性有（　　）。

    A. 体积稳定性好　　　　　　　　　　　　B. 耐久性好

    C. 收缩量大　　　　　　　　　　　　　　D. 抗压强度高

    E. 自密实性差

33. 实现混凝土自防水的主要方式有（　　）。

    A. 调整混凝土的配合比　　　　　　　　　B. 掺入适量减水剂

    C. 提高水灰比　　　　　　　　　　　　　D. 选用膨胀水泥

    E. 采用热养护方法进行养护

考点 2　建筑装饰材料【重要】

一、单项选择题

34. 花岗石板材是一种优质的饰面板材，但其不足之处是（　　）。

    A. 化学稳定性差　　　　　　　　　　　　B. 抗风化性能差

    C. 硬度不及大理石板　　　　　　　　　　D. 耐火性较差

35. 室外装饰较少使用大理石板材的主要原因在于大理石（　　）。

    A. 吸水率大　　　　　　　　　　　　　　B. 耐磨性差

    C. 光泽度低　　　　　　　　　　　　　　D. 抗风化差

36. 对隔热、隔声性能要求较高的建筑物宜选用（　　）。

    A. 夹层玻璃　　　　　　　　　　　　　　B. 中空玻璃

    C. 镀膜玻璃　　　　　　　　　　　　　　D. 钢化玻璃

37. 单面镀膜玻璃在安装时，应将膜层面向（　　）。

    A. 室内　　　　　　　　　　　　　　　　B. 室外

    C. 室内或室外　　　　　　　　　　　　　D. 无要求

38. 建筑装饰涂料的辅助成膜物质常用的溶剂为（　　）。

    A. 松香　　　　　　　　　　　　　　　　B. 桐油

    C. 硝酸纤维　　　　　　　　　　　　　　D. 苯

39. 下列关于建筑涂料基本要求的说法，正确的是（　　）。

    A. 内墙涂料要求透气性、耐粉化性好

    B. 外墙涂料要求色彩细腻、耐碱性好

    C. 内墙涂料要求抗冲击性好

    D. 地面涂料要求耐候性好

40. 内墙涂料宜选用（　　）。

    A. 聚醋酸乙烯乳液涂料

    B. 苯乙烯-丙烯酸酯乳液涂料

    C. 合成树脂乳液砂壁状涂料

    D. 聚氨酯漆

二、多项选择题

41. 下列玻璃中，属于安全玻璃的有（　　）。

    A. 钢化玻璃　　　　　　　　　　　　　　B. 净片玻璃

    C. 防火玻璃　　　　　　　　　　　　　　D. 刻花玻璃

    E. 夹层玻璃

42. 可用于饮用水的塑料管材有（　　）。

    A. 丁烯（PB）管

    B. 交联聚乙烯（PEX）管

    C. 无规共聚聚丙烯（PP-R）管

    D. 氯化聚氯乙烯（PVC-C）管

    E. 硬聚氯乙烯（PVC-U）管

考点 3　建筑功能材料【重要】

一、单项选择题

43. 适用于寒冷地区和结构变形频繁的建筑物防水的防水材料是（　　）。

    A. SBS 改性沥青防水卷材

    B. APP 改性沥青防水卷材

    C. 三元乙丙橡胶防水卷材

    D. 氯化聚乙烯防水卷材

44. 在民用建筑很少使用，主要用于工业建筑的隔热、保温及防火覆盖的保温隔热材料是（　　）。

    A. 岩棉　　　　　　　　　　　　B. 矿渣棉

    C. 石棉　　　　　　　　　　　　D. 玻璃棉

45. 膨胀蛭石是一种较好的绝热、隔声材料，但使用时应注意（　　）。

    A. 防潮　　　　　　　　　　　　B. 防火

    C. 不能松散铺设　　　　　　　　D. 不能与胶凝材料配合使用

46. 对中、高频均有吸声效果，且安拆便捷，兼具装饰效果的吸声结构是（　　）。

    A. 帘幕吸声结构

    B. 柔性吸声结构

    C. 薄板振动吸声结构

    D. 悬挂空间吸声结构

47. B 型防火涂料的涂层厚度为（　　）。

    A. 小于或等于 3mm

    B. 大于 3mm 且小于或等于 45mm

    C. 大于 3mm 且小于或等于 7mm

    D. 大于 7mm 且小于或等于 45mm

48. 薄型和超薄型防火涂料的耐火极限一般与涂层厚度无关，与之有关的是（　　）。

    A. 物体可燃性

    B. 物体耐火极限

    C. 膨胀后的发泡层厚度

    D. 基材的厚度

二、多项选择题

49. 钢结构防火涂料根据其涂层厚度和耐火极限可以分为（　　）。

    A. 室内用防火涂料　　　　　　　B. 超薄型防火涂料

    C. 薄型防火涂料　　　　　　　　D. 超厚型防火涂料

    E. 厚质型防火涂料

第三节 土建工程主要施工工艺与方法

考点 1 土石方工程施工技术【必会】

一、单项选择题

1. 浅基坑的开挖深度一般（　　）。
   A. 小于 3m
   B. 小于 4m
   C. 小于 5m
   D. 不大于 6m

2. 在基槽支护中，对挖土深度 5m，松散、湿度大的土，一般采用土壁支撑的方式是（　　）。
   A. 连续式水平挡土板
   B. 间断式水平挡土板
   C. 连续式垂直挡土板
   D. 间断式垂直挡土板

3. 明排水时集水坑每隔（　　）设置一个。
   A. 20～30m
   B. 20～40m
   C. 40～50m
   D. 50～60m

4. 基坑开挖时，采用明排法施工，其集水坑应设置在（　　）。
   A. 基础范围以外的地下水走向的下游
   B. 基础范围以外的地下水走向的上游
   C. 便于布置抽水设施的基坑边角处
   D. 不影响施工交通的基坑边角处

5. 在淤泥质黏土中开挖近 10m 深的基坑时，降水方法应优先选用（　　）。
   A. 单级轻型井点
   B. 管井井点
   C. 电渗井点
   D. 深井井点

6. 在渗透系数大、地下水量大的土层中，适宜采用的降水形式为（　　）。
   A. 轻型井点
   B. 电渗井点
   C. 喷射井点
   D. 管井井点

7. 关于土石方填筑说法，正确的是（　　）。
   A. 不宜采用同类土填筑
   B. 从上至下填筑土层的透水性应从小到大
   C. 含水量大的黏土宜填筑在下层
   D. 硫酸盐含量小于 5% 的土不能使用

8. 利用爆破石渣和碎石填筑的大型地基，应优先选用的压实机械为（　　）。
   A. 羊足碾
   B. 平碾
   C. 振动碾
   D. 蛙式打夯机

9. 场地填筑的填料为爆破石渣、碎石类土、杂填土时，宜采用的压实机械为（　　）。
   A. 平碾
   B. 羊足碾
   C. 振动碾
   D. 汽胎碾

二、多项选择题

10. 板式支护结构挡墙系统常用的材料有（　　）。
    A. 钢板桩
    B. 钢筋混凝土板桩
    C. 灌注桩
    D. 大型钢管

E. H 型钢

11. 通常情况下，基坑土方开挖的明排水法主要适用于 （ ）。

A. 细砂土层

B. 粉砂土层

C. 粗粒土层

D. 淤泥土层

E. 渗水量小的黏土层

12. 关于轻型井点降水施工的说法，正确的有 （ ）。

A. 轻型井点一般可采用单排或双排布置

B. 当有土方机械频繁进出基坑时，井点宜采用环形布置

C. 由于轻型井点需埋入地下蓄水层，一般不宜双排布置

D. 槽宽＞6m，且降水深度超过 5m 时不适宜采用单排井点

E. 为了更好地集中排水，井点管应布置在地下水下游一侧

考点 2　地基与基础工程施工技术【重要】

一、单项选择题

13. 下列土层中不宜采用重锤夯实法夯实地基的是 （ ）。

A. 砂土

B. 湿陷性黄土

C. 杂填土

D. 软黏土

14. 强夯法的夯锤一般为 （ ）。

A. 2～3t

B. 4～8t

C. 8～30t

D. 20～40t

15. 地基处理常采用强夯法，其特点在于 （ ）。

A. 处理速度快、工期短，适用于城市施工

B. 不适用于软黏土层处理

C. 处理范围应小于建筑物基础范围

D. 采取相应措施还可用于水下夯实

16. 根据桩在土中受力情况分析，上部结构荷载主要由桩侧摩阻力承担的桩体是 （ ）。

A. 端承桩

B. 摩擦桩

C. 预制桩

D. 灌注桩

17. 现场采用重叠法预制钢筋混凝土桩时，上层桩的浇注应等到下层桩混凝土强度达到设计强度等级的 （ ）。

A. 30%

B. 60%

C. 70%

D. 100%

18. 关于钢筋混凝土预制桩加工制作，说法正确的是 （ ）。

A. 长度在 10m 以上的桩必须工厂预制

B. 重叠法预制不宜超过 5 层

C. 重叠法预制下层桩强度达到设计强度 70% 时方可灌注上层桩

D. 桩的强度达到设计强度的 70% 方可起吊

19. 钢筋混凝土预制桩锤击沉桩法施工，通常采用 （ ）。

A. 轻锤低击的打桩方式

B. 重锤低击的打桩方式

C. 先四周后中间的打桩顺序

D. 先打短桩后打长桩

20. 软土地区、城市中心或建筑物密集处的桩基础工程，以及精密工厂的扩建工程适用于（   ）。
    A. 锤击沉桩
    B. 静力压桩
    C. 射水沉桩
    D. 振动沉桩

21. 静力压桩正确的施工工艺流程是（   ）。
    A. 定位→吊桩→对中→压桩→接桩→压桩→送桩→切割桩头
    B. 吊桩→定位→对中→压桩→送桩→压桩→接桩→切割桩头
    C. 对中→吊桩→插桩→送桩→静压→接桩→压桩→切割桩头
    D. 吊桩→定位→压桩→送桩→接桩→压桩→切割桩头

22. 灌注桩的桩顶标高至少要比设计标高高出（   ）。
    A. 0.5~0.8m
    B. 0.5~1m
    C. 0.8~1.0m
    D. 1~1.2m

23. 在砂土地层中施工泥浆护壁成孔灌注桩，桩径 1.8m，桩长 52m，应优先考虑采用（   ）。
    A. 正循环钻孔灌注桩
    B. 反循环钻孔灌注桩
    C. 钻孔扩底灌注桩
    D. 冲击成孔灌注桩

二、多项选择题

24. 关于土桩和灰土桩的说法，正确的有（   ）。
    A. 土桩和灰土桩挤密地基是由桩间挤密土和填夯的桩体组成
    B. 用于处理地下水位以下，深度 5~15m 的湿陷性黄土
    C. 土桩主要用于提高人工填土地基的承载力
    D. 灰土桩主要用于消除湿陷性黄土地基的湿陷性
    E. 不宜用于含水量超过 25% 的人工填土地基

25. 与常规钢筋混凝土桩和预应力混凝土桩相比，钢管桩的特点有（   ）。
    A. 重量轻、刚性好
    B. 承载力高
    C. 不易产生腐蚀
    D. 排土量大
    E. 造价高

考点 3 主体结构施工技术【重要】

一、单项选择题

26. 砌筑砂浆应随拌随用，当施工期间最高气温在 30℃ 以上时，水泥混合砂浆最长应在（   ）h 内使用完毕。
    A. 2
    B. 3
    C. 4
    D. 5

27. 混凝土小型空心砌块砌体的水平灰缝和竖向灰缝的砂浆饱满度，按净面积计算不得低于（   ）。
    A. 70%
    B. 80%
    C. 85%
    D. 90%

28. 设置钢筋混凝土构造柱的砖墙砌体，施工时应（   ）。
    A. 先砌墙后浇构造柱
    B. 从每层柱脚开始马牙槎先进后退

C. 先浇构造柱后砌墙   D. 构造柱浇筑和砌墙砌筑同时进行

29. 墙体为构造柱砌成的马牙槎，其凹凸尺寸和高度分别约为（   ）。

    A. 60mm 和 345mm   B. 60mm 和 260mm

    C. 70mm 和 385mm   D. 90mm 和 385mm

30. 填充墙与承重主体结构间的空隙部位施工，应在填充墙砌筑（   ）d 后进行。

    A. 7   B. 14

    C. 21   D. 28

31. 当采用冷拉方法调直时，HPB300 光圆钢筋的冷拉率不宜大于（   ）。

    A. 1%   B. 2%

    C. 4%   D. 5%

32. HRB335 级、HRB400 级受力钢筋在末端做 135° 的弯钩时，其弯弧内直径至少是钢筋直径的（   ）。

    A. 2.5 倍   B. 3 倍

    C. 4 倍   D. 5 倍

33. 在直接承受动力荷载的钢筋混凝土构件中，纵向受力钢筋的连接方式不宜采用（   ）。

    A. 钢筋套筒挤压连接   B. 钢筋螺纹套管连接

    C. 机械连接   D. 闪光对焊连接

34. 绑扎搭接接头中钢筋的横向净距不应小于钢筋直径，且不应小于（   ）。

    A. 20mm   B. 25mm

    C. 30mm   D. 35mm

35. 可在施工现场连接同径或异径的竖向、水平或任何倾角钢筋的连接方法是（   ）。

    A. 焊接连接   B. 绑扎连接

    C. 套筒挤压连接   D. 螺纹套管连接

36. 工程施工中用得最多的一种模板是（   ）。

    A. 木模板   B. 大模板

    C. 组合模板   D. 永久式模板

37. 对跨度不小于（   ）的钢筋混凝土梁、板，其模板应按要求起拱。

    A. 3m   B. 4m

    C. 5m   D. 6m

38. 现浇结构楼板的底模和支架拆除应符合设计要求，当设计无要求时，对跨度为 6m 的梁，混凝土强度达到（   ）方可拆除。

    A. 50%   B. 70%

    C. 75%   D. 100%

39. 下列关于模板拆除的顺序，说法错误的是（   ）。

    A. 先拆非承重模板，后拆承重模板

    B. 先拆底模板，后拆侧模板

    C. 框架结构模板的拆除顺序是柱、楼板、梁侧模、梁底模

    D. 拆除大型结构的模板时，要事先制定详细方案

40. 在浇筑竖向结构混凝土前，应先在底部填以厚度不大于（   ）与混凝土内砂浆成分相同的水泥砂浆。

    A. 30mm   B. 50mm

C. 75mm   D. 100mm

41. 浇筑竖向结构时，为了防止发生离析现象，粗骨料料径大于 25mm 的混凝土自高处倾落的自由高度不应（   ）。

　　A. 超过 3m   B. 小于 3m

　　C. 超过 6m   D. 小于 6m

42. 下列关于混凝土浇筑要求的说法，正确的是（   ）。

　　A. 粗骨料最大粒径在 40mm 以内时可采用内径 125mm 的泵管

　　B. 有主、次梁的楼板宜顺着主梁方向浇筑

　　C. 单向板宜沿板的短边方向浇筑

　　D. 高度大于 1.0m 的梁可单独浇筑

43. 对混凝土采用自然养护时，应在浇筑完毕后的（   ）以内对混凝土加以覆盖并保湿养护。

　　A. 6h   B. 12h

　　C. 18h   D. 24h

44. 混凝土冬季施工时，应注意（   ）。

　　A. 不宜采用普通硅酸盐水泥   B. 适当增加水灰比

　　C. 适当添加缓凝剂   D. 适当添加引气剂

45. 装配整体式结构中，预应力混凝土预制构件的混凝土强度等级不宜低于（   ）。

　　A. C25   B. C30

　　C. C40   D. C50

46. 预制构件吊装就位后，应及时校准并采取临时固定措施，每个预制构件的临时支撑不宜少于（   ）道，并应符合现行国家标准《混凝土结构工程施工规范》（GB 50666—2011）的相关规定。

　　A. 2   B. 4

　　C. 6   D. 8

47. 用于预制构件厂生产定型的中小型构件宜采用（   ）。

　　A. 后张法   B. 先张法

　　C. 张拉机具法   D. 卷扬机法

48. 先张法预应力混凝土构件施工，其工艺流程为（   ）。

　　A. 支底模→支侧模→张拉钢筋→浇筑混凝土→养护、拆模→放张钢筋

　　B. 支底模→张拉钢筋→支侧模→浇筑混凝土→放张钢筋→养护、拆模

　　C. 支底模→预应力钢筋安放→张拉钢筋→支侧模→浇混凝土→拆模→放张钢筋

　　D. 支底模→钢筋安放→支侧模→张拉钢筋→浇筑混凝土→放张钢筋→拆模

49. 先张法预应力钢筋混凝土的施工，在放松预应力钢筋时，要求混凝土的强度不低于设计强度等级的（   ），且不低于（   ）MPa。

　　A. 75%，30   B. 80%，25

　　C. 85%，20   D. 100%，40

50. 下列关于后张法预应力混凝土工程施工，说法正确的是（   ）。

　　A. 预应力的传递主要靠预应力筋两端的锚具，锚具可以重复使用

　　B. 无粘结预应力混凝土施工不需要预留孔道和灌浆

　　C. 多用于预制构件厂生产定型的中小型构件

D. 张拉预应力筋时，设计无规定的，构件混凝土的强度不低于设计强度等级的 70%

51. 单层钢结构厂房在安装前需要进行吊装稳定性验算的钢结构构件是（　　）。

    A. 钢柱　　　　　　　　　　　　　　B. 钢屋架

    C. 吊车梁　　　　　　　　　　　　　D. 钢桁架

52. 钢构件拼装方法中，主要适用于跨度较大、侧向刚度较差的钢结构的方法是（　　）。

    A. 构件平装法　　　　　　　　　　　B. 构件立拼法

    C. 构件斜拼法　　　　　　　　　　　D. 模具拼装法

53. 在单层工业厂房结构吊装中，如安装支座表面高度为 15.0m（从停机面算起），绑扎点至所吊构件底面距离为 0.8m，索具高度为 3.0m，则起重机高度至少为（　　）。

    A. 18.2m　　　　　　　　　　　　　　B. 18.5m

    C. 18.8m　　　　　　　　　　　　　　D. 19.1m

二、多项选择题

54. 下列部位可以设置脚手眼的有（　　）。

    A. 砖砌体距转角 600mm 处

    B. 门窗洞口两侧砖砌体 300mm 处

    C. 宽度为 1.2m 的窗间墙

    D. 过梁上一皮砖处

    E. 梁或梁垫下及其左右 500mm 范围内

55. 剪力墙和筒体体系的高层建筑混凝土工程的施工模板，通常采用（　　）。

    A. 组合模板　　　　　　　　　　　　B. 滑升模板

    C. 爬升模板　　　　　　　　　　　　D. 大模板

    E. 压型钢板永久式模板

56. 大体积混凝土的浇筑方案主要有（　　）等方式。

    A. 全面分层　　　　　　　　　　　　B. 分段分层

    C. 斜面分层　　　　　　　　　　　　D. 均匀分层

    E. 交错分层

57. 混凝土振动密实成型的振动器按其工作方式可分为（　　）。

    A. 内部振动器　　　　　　　　　　　B. 附着式振动器

    C. 表面振动器　　　　　　　　　　　D. 平板振动台

    E. 振动台

58. 下列关于混凝土高温施工的说法，正确的有（　　）。

    A. 采用高水泥用量的原则

    B. 混凝土坍落度不宜小于 60mm

    C. 混凝土宜采用黑色涂装的混凝土搅拌运输车运输

    D. 混凝土浇筑入模温度不应高于 35℃

    E. 可采用粉煤灰取代部分水泥

考点 4　防水和保温工程施工技术【重要】

一、单项选择题

59. 关于卷材防水屋面施工，下列说法错误的是（　　）。

    A. 平行于屋脊的搭接缝应顺流水方向搭接

    B. 应从屋面最低处向上铺

C. 搭接缝宜留在沟底，不宜留在天沟侧面

D. 上下两层卷材不能互相垂直铺贴

60. 涂膜防水屋面施工时，涂料的涂布顺序正确的是（　　）。

A. 先低跨后高跨、先远后近、先檐口后屋脊

B. 先高跨后低跨、先近后远、先屋脊后檐口

C. 先高跨后低跨、先远后近、先檐口后屋脊

D. 先低跨后高跨、先近后远、先屋脊后檐口

61. 关于防水混凝土施工时应注意的事项，下列说法正确的是（　　）。

A. 应尽量采用人工振捣，不宜用机械振捣

B. 浇筑时自落高度不得大于 1.5m

C. 应采用自然养护，养护时间不少于 7d

D. 防水混凝土入泵坍落度宜控制在 140～160mm

62. 防水混凝土底板与墙体的水平施工缝应留在（　　）。

A. 底板与侧墙的交接处

B. 底板上表面处

C. 距孔洞边缘不应小于 150mm 处

D. 高出底板表面不小于 300mm 的墙体上

63. 现浇泡沫混凝土保温层施工时，泡沫混凝土应分层浇筑，一次浇筑厚度不宜超
过（　　）mm。

A. 100　　　　　　　　　　　　　B. 200

C. 300　　　　　　　　　　　　　D. 400

二、多项选择题

64. 关于屋面卷材防水施工要求的说法，正确的有（　　）。

A. 先施工细部再施工大面

B. 平行屋脊搭接缝应顺流水方向

C. 大坡面铺贴应采用满粘法

D. 上下两层卷材垂直铺贴

E. 上下两层卷材长边搭接缝错开

65. 当卷材防水层上有重物覆盖或基层变形较大时，优先采用的施工铺贴方法有（　　）。

A. 空铺法　　　　　　　　　　　　B. 点粘法

C. 满粘法　　　　　　　　　　　　D. 条粘法

E. 机械固定法

66. 关于对防水混凝土的防水构造处理，下列说法正确的有（　　）。

A. 保持施工环境潮湿

B. 墙体水平施工缝应留在高出底板表面 300mm 以上的墙体上

C. 拱墙结合的水平施工缝宜留在拱墙接缝线处

D. 施工缝距孔洞边缘不应小于 300mm

E. 垂直施工缝宜与变形缝相结合

67. 地下防水施工中，外贴法施工卷材防水层的主要特点有（　　）。

A. 施工占地面积较小

B. 地板与墙身接头处卷材易受损

C. 结构不均匀沉降对防水层影响大

D. 可及时进行漏水试验，修补方便

E. 施工工期较长

考点 5　装饰装修工程施工技术

一、单项选择题

68. 一般抹灰的砂浆底层，作用为（　　　）。

　　A. 承受荷载　　　　　　　　　　　　B. 与基层粘结

　　C. 找平　　　　　　　　　　　　　　D. 装饰

二、多项选择题

69. 下列关于建筑装饰装修工程施工技术的说法，正确的有（　　　）。

　　A. 一般抹灰当抹灰总厚度大于 25mm 时，应采取加强措施

　　B. 大面积抹灰前应设置标筋

　　C. 墙面石材铺装强度较高的石材应在背面粘贴玻璃纤维网布

　　D. 墙面石材铺装当采用粘贴法施工时，基层处理应平整但不应压光

　　E. 预埋件的锚筋应置于混凝土构件最外排主筋的内侧

第四节　土建工程常用施工机械的类型及应用

考点 1　土石方工程施工机械【必会】

单项选择题

1. 在较硬的土质中，用推土机进行挖、运作业，较适宜的施工方法是（　　　）。

　　A. 下坡推土法　　　　　　　　　　　B. 并列推土法

　　C. 分批集中，一次推送法　　　　　　D. 沟槽推土法

2. 采用推土机并列推土时，并列台数不宜超过（　　　）。

　　A. 2 台　　　　　　　　　　　　　　B. 3 台

　　C. 4 台　　　　　　　　　　　　　　D. 5 台

3. 施工地段较短，地形起伏不大的挖、填工程，铲运机的开行路线为（　　　）。

　　A. 环形路线　　　　　　　　　　　　B. 8 字形路线

　　C. 三角形路线　　　　　　　　　　　D. 矩形路线

4. 反铲挖土机的挖土特点是（　　　）。

　　A. 前进向上，强制切土

　　B. 后退向下，强制切土

　　C. 后退向下，自重切土

　　D. 直上直下，自重切土

5. 关于单斗挖掘机作业特点，说法正确的是（　　　）。

　　A. 正铲挖掘机：前进向下，自重切土

　　B. 反铲挖掘机：后退向上，强制切土

　　C. 拉铲挖掘机：后退向下，自重切土

　　D. 抓铲挖掘机：前进向上，强制切土

6. 在开挖深 3m、Ⅰ～Ⅲ级砂土基坑，且地下水位较高时，应优先采用（　　）。

 A. 正铲挖掘机   B. 反铲挖掘机

 C. 拉铲挖掘机   D. 抓铲挖掘机

考点 2　起重机械【重要】

一、单项选择题

7. 履带式起重机的主要参数不包括（　　）。

 A. 起重量   B. 起重高度

 C. 起重时间   D. 起重半径

8. 主要用于多层或高层结构吊装和垂直运输的起重机械是（　　）。

 A. 桅杆式起重机   B. 履带式起重机

 C. 塔式起重机   D. 汽车起重机

二、多项选择题

9. 自行杆式起重机主要包括（　　）。

 A. 履带式起重机   B. 塔式起重机

 C. 汽车起重机   D. 轮胎起重机

 E. 桅杆式起重机

第五节　土建工程施工组织设计的编制原理、内容及方法

考点 1　施工组织设计的概念、作用与分类

一、单项选择题

1. 施工组织总设计是以（　　）为编制对象，规划其施工全过程各项活动的技术、经济的全局性控制性文件。

 A. 施工段   B. 单位工程

 C. 施工项目   D. 建设单位

2. 根据《建筑工程施工组织设计规范》，按照编制对象不同，施工组织设计的三个层次是（　　）。

 A. 施工总平面图、施工总进度计划和资源需求计划

 B. 施工组织总设计、单位工程施工组织设计和施工方案

 C. 施工总平面图、施工总进度计划和专项施工方案

 D. 施工组织总设计、单位工程施工进度计划和施工作业计划

3. 根据《建筑工程施工组织设计规范》，施工组织总设计应由（　　）主持编制。

 A. 总承包单位技术负责人   B. 施工项目负责人

 C. 总承包单位法定代表人   D. 施工项目技术负责人

二、多项选择题

4. 根据编制阶段的不同，施工组织设计可以划分为（　　）。

 A. 施工组织总设计

 B. 单位工程施工组织设计

 C. 分部分项工程施工组织设计

 D. 标前设计

E. 标后设计

考点 2 网络计划技术【重要】

单项选择题

5. 在工程网络计划中，工作 M 的最迟完成时间为第 25 天，其持续时间为 6 天，该工作有两项紧前工作，它们的最早完成时间分别为第 10 天和第 14 天，工作 M 的总时差为（　　）天。

　A. 5　　　　　　　　　　　　　　　B. 6

　C. 9　　　　　　　　　　　　　　　D. 15

✎学习笔记

第二章

工程计量

（建议学习时间：**2**周）

学习计划（第1.5～ 3.5周）：

| Day 1 | Day 8 |

| Day 2 | Day 9 |

| Day 3 | Day 10 |

| Day 4 | Day 11 |

| Day 5 | Day 12 |

| Day 6 | Day 13 |

| Day 7 | Day 14 |

扫码即听
本章导学

第二章　工程计量

■ 知识脉络

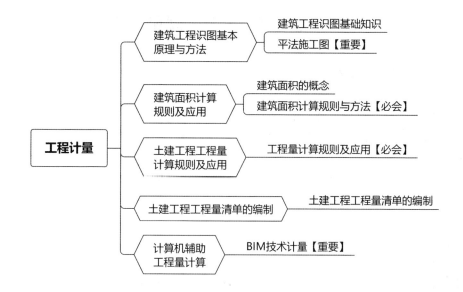

第一节　建筑工程识图基本原理与方法

考点 1　建筑工程识图基础知识

单项选择题

1. 标题栏一般位于图纸的（　　）。
   A. 左上角　　　　　　　　　　　　　　B. 右上角
   C. 左下角　　　　　　　　　　　　　　D. 右下角

2. 主要反映新建建筑物的平面形状、位置和朝向及其与原有建筑物的关系、标高、道路、绿化、地貌、地形等情况的是（　　）。
   A. 建筑总平面图　　　　　　　　　　　B. 建筑平面图
   C. 建筑立面图　　　　　　　　　　　　D. 建筑剖面图

考点 2　平法施工图【重要】

单项选择题

3. 《国家建筑标准设计图集》（16G101）平法施工图中，剪力墙上柱的标注代号为（　　）。
   A. JLQZ　　　　　　　　　　　　　　B. JLQSZ
   C. LZ　　　　　　　　　　　　　　　D. QZ

4. 当梁的下部纵筋多于一排时，用（　　）将各排纵筋自上而下分开。
   A. ＋　　　　　　　　　　　　　　　　B. ；
   C. －　　　　　　　　　　　　　　　　D. ／

5. 《国家建筑标准设计图集》（16G101）梁平法施工中，KL9（6A）表示的含义是（　　）。

    A. 9跨屋面框架梁，间距为6m，等截面梁

    B. 9跨框支梁，间距为6m，主梁

    C. 9号楼层框架梁，6跨，一端悬挑

    D. 9号框架梁，6跨，两端悬挑

第二节　建筑面积计算规则及应用

考点 1　建筑面积的概念

单项选择题

1. 根据《建筑工程建筑面积计算规范》（GB/T 50353—2013），建筑面积有围护结构的以围护结构外围计算，其围护结构包括围合建筑空间的（　　）。

    A. 栏杆　　　　　　　　　　　　　　B. 栏板

    C. 门窗　　　　　　　　　　　　　　D. 勒脚

2. 下列关于建筑面积表达式的说法，正确的是（　　）。

    A. 有效面积＝使用面积＋辅助面积

    B. 使用面积＝有效面积＋结构面积

    C. 建筑面积＝使用面积＋结构面积

    D. 辅助面积＝使用面积－结构面积

考点 2　建筑面积计算规则与方法【必会】

一、单项选择题

3. 根据《建筑工程建筑面积计算规范》（GB/T 50353—2013），建筑物的建筑面积应按自然层外墙结构外围水平面积之和计算，下列说法正确的是（　　）。

    A. 建筑物高度为2.00m部分，应计算全面积

    B. 建筑物高度为1.80m部分，不计算面积

    C. 建筑物高度为1.20m部分，不计算面积

    D. 建筑物高度为2.10m部分，应计算1/2面积

4. 根据《建筑工程建筑面积计算规范》（GB/T 50353—2013），建筑物内设有局部楼层，局部二层层高2.20m，其建筑面积计算正确的是（　　）。

    A. 无围护结构的不计算面积

    B. 无围护结构的按其结构底板水平面积计算

    C. 有围护结构的按其结构底板水平面积计算

    D. 无围护结构的按其结构底板水平面积的1/2计算

5. 根据《建筑工程建筑面积计算规范》（GB/T 50353—2013），形成建筑空间，结构净高2.18m部位的坡屋顶，其建筑面积（　　）。

    A. 不予计算　　　　　　　　　　　　B. 按1/2面积计算

    C. 按全面积计算　　　　　　　　　　D. 视使用性质确定

6. 有顶盖无围护结构的场馆看台，其建筑面积计算正确的是（　　）。

    A. 按看台底板结构外围水平面积计算

    B. 按顶盖水平投影面积计算

    C. 按看台底板结构外围水平面积的 1/2 计算

    D. 按顶盖水平投影面积的 1/2 计算

7. 地下室、半地下室的建筑面积，应（　　）。

    A. 结构层高在 1.20m 以下的不予计算

    B. 按其结构外围水平面积计算

    C. 按其上口外墙中心线水平面积计算

    D. 高度超过 2.20m 时计算

8. 根据《建筑工程建筑面积计算规范》（GB/T 50353—2013），建筑物出入口坡道外侧设计有外挑宽度为 2.2m 的钢筋混凝土顶盖，坡道两侧外墙外边线间距为 4.4m，则该部位建筑面积（　　）。

    A. 为 4.84m^2

    B. 为 9.24m^2

    C. 为 9.68m^2

    D. 不予计算

9. 根据《建筑工程建筑面积计算规范》（GB/T 50353—2013），下列关于建筑物架空层及坡地建筑物吊脚架空层的说法，正确的是（　　）。

    A. 结构层高不足 2.20m 的部位应计算 1/2 面积

    B. 结构层高在 2.10m 及以上的部位应计算全面积

    C. 结构层高不足 2.10m 的部位不计算面积

    D. 按照利用部位的水平投影的 1/2 计算

10. 根据《建筑工程建筑面积计算规范》（GB/T 50353—2013），建筑物大厅内的层高在 2.20m 及以上的回（走）廊，建筑面积计算正确的是（　　）。

    A. 按回（走）廊水平投影面积并入大厅建筑面积

    B. 不单独计算建筑面积

    C. 按结构底板水平投影面积计算

    D. 按结构底板水平面积的 1/2 计算

11. 根据《建筑工程建筑面积计算规范》（GB/T 50353—2013），建筑物间有两侧护栏的架空走廊，其建筑面积（　　）。

    A. 按护栏外围水平面积的 1/2 计算

    B. 按结构底板水平投影面积的 1/2 计算

    C. 按护栏外围水平面积计算全面积

    D. 按结构底板水平投影面积计算全面积

12. 根据《建筑工程建筑面积计算规范》（GB/T 50353—2013），建筑物雨篷部位建筑面积计算正确的是（　　）。

    A. 有柱雨篷按柱外围面积计算

    B. 无柱雨篷不计算

    C. 有柱雨篷按结构板水平投影面积计算

    D. 外挑宽度为 1.8m 的无柱雨篷不计算

13. 根据《建筑工程建筑面积计算规范》（GB/T 50353—2013），外挑宽度为 1.8m 的有柱雨篷建筑面积应（　　）。

    A. 按柱外边线构成的水平投影面积计算

    B. 不计算

    C. 按结构板水平投影面积计算

    D. 按结构板水平投影面积的 1/2 计算

14. 根据《建筑工程建筑面积计算规范》（GB/T 50353—2013），围护结构不垂直于水平面的建筑物，建筑面积应（   ）。

    A. 按其底板面的外墙外围水平面积计算

    B. 按其顶盖水平投影面积计算

    C. 按围护结构外边线计算

    D. 按其外墙结构外围水平面积计算

15. 建筑物内管道井的建筑面积计算正确的是（   ）。

    A. 不计算建筑面积

    B. 按管道井图示结构内边线面积计算

    C. 按管道井净空面积的1/2乘以层数计算

    D. 并入建筑物的自然层计算建筑面积

16. 根据《建筑工程建筑面积计算规范》（GB/T 50353—2013），室外楼梯的建筑面积计算正确的是（   ）。

    A. 按建筑物自然层的水平投影面积计算

    B. 最上层楼梯不计算面积

    C. 依附于自然层按垂直投影面积计算

    D. 依附于自然层按水平投影面积的1/2计算

17. 根据《建筑工程建筑面积计算规范》（GB/T 50353—2013），采光井建筑面积计算正确的是（   ）。

    A. 有顶盖的采光井应按一层计算面积

    B. 结构净高为2.15m的，应计算1/2面积

    C. 按自然层计算建筑面积

    D. 结构层高在2.10m以下的，应计算1/2面积

18. 根据《建筑工程建筑面积计算规范》（GB/T 50353—2013），内部连通的高低联跨建筑物内的变形缝应（   ）。

    A. 计入高跨面积   B. 高低跨平均计算

    C. 计入低跨面积   D. 不计算面积

19. 根据《建筑工程建筑面积计算规范》（GB/T 50353—2013），下列关于阳台建筑面积的计算，说法正确的是（   ）。

    A. 主体结构内的阳台，应按其结构底板水平投影面积计算全面积

    B. 主体结构内的阳台，应按其结构外围水平面积计算全面积

    C. 主体结构外的阳台，应按其结构底板水平投影面积计算全面积

    D. 主体结构外的阳台，应按其结构外围水平面积计算全1/2面积

20. 根据《建筑工程建筑面积计算规范》（GB/T 50353—2013），下列不计算建筑面积的是（   ）。

    A. 建筑物外墙外侧保温隔热层

    B. 建筑物内的变形缝

    C. 有围护结构的屋顶水箱间

    D. 窗台与室内地面高差在0.45m以下且结构净高在2.10m以下的飘窗

21. 根据《建筑工程建筑面积计算规范》（GB/T 50353—2013），下列情况可以计算建筑面积的是（   ）。

    A. 形成建筑空间的坡屋顶内净高在1.20m至2.10m

B. 室外爬梯

C. 外挑宽度在 1.20m 以上的无柱雨篷

D. 不与建筑物内连通的装饰性平台

22. 根据《建筑工程建筑面积计算规范》（GB/T 50353—2013），带幕墙建筑物的建筑面积计算正确的是（　　）。

A. 以幕墙立面投影面积计算

B. 以主体结构外边线面积计算

C. 作为外墙的幕墙按围护外边线计算

D. 起装饰作用的幕墙按幕墙横断面的 1/2 计算

二、多项选择题

23. 根据《建筑工程建筑面积计算规范》（GB/T 50353—2013），不计算建筑面积的有（　　）。

A. 结构层高为 2.10m 的门斗　　　　　　　B. 建筑物内的大型上料平台

C. 无围护结构的观光电梯　　　　　　　　D. 有围护结构的舞台灯光控制室

E. 过街楼底层的开放公共空间

24. 根据《建筑工程建筑面积计算规范》（GB/T 50353—2013），不计算建筑面积的有（　　）。

A. 建筑物首层地面有围护设施的露台

B. 兼顾消防与建筑物相通的室外钢楼梯

C. 与建筑物相连的室外台阶

D. 与室内相通的变形缝

E. 形成建筑空间，结构净高 1.50m 的坡屋顶

25. 根据《建筑工程建筑面积计算规范》（GB/T 50353—2013），不计算建筑面积的有（　　）。

A. 结构层高 2.0m 的管道层

B. 层高为 3.3m 的建筑物通道

C. 有顶盖但无围护结构的车棚

D. 建筑物顶部有围护结构，层高 2.0m 的水箱间

E. 有围护结构的专用消防钢楼梯

26. 根据《建筑工程建筑面积计算规范》（GB/T 50353—2013），应计算 1/2 建筑面积的有（　　）。

A. 高度不足 2.20m 的单层建筑物　　　　　B. 净高不足 1.20m 的坡屋顶部分

C. 层高不足 2.20m 地下室　　　　　　　　D. 有永久顶盖无围护结构建筑物

E. 外挑宽度不足 2.10m 的雨篷

第三节　土建工程工程量计算规则及应用

考点　**工程量计算规则及应用【必会】**

一、单项选择题

1. 根据《房屋建筑与装饰工程工程量计算规范》（GB 50854—2013），平整场地项目适用于建筑场地厚度在（　　）mm 以内的挖、填、运、找平等工作。

A. ±100　　　　　　　　　　　　　　　　B. ±200

C. ±300　　　　　　　　　　　　　　　　D. ±400

2. 根据《房屋建筑与装饰工程工程量计算规范》（GB 50854—2013），土石方工程中，建筑

物场地厚度在±300mm以内的，平整场地工程量应（　　　）。

A. 按建筑物自然层面积计算

B. 按设计图示厚度计算

C. 按建筑有效面积计算

D. 按建筑物首层面积计算

3. 根据《房屋建筑与装饰工程工程量计算规范》（GB 50854—2013），挖土方的工程量按设计图示尺寸的体积计算，此时的体积是指（　　　）。

A. 虚方体积 　　　　　　　　　　　B. 夯实后体积

C. 松填体积 　　　　　　　　　　　D. 天然密实体积

4. 根据《房屋建筑与装饰工程工程量计算规范》（GB 50854—2013），某建筑工程挖土方工程量需要通过现场签证核定，已知用斗容量为 1.5m³ 的轮胎式装载机运土 5000 车，则挖土工程量应为（　　　）m³。

A. 5019.23 　　　　　　　　　　　B. 5769.23

C. 6231.5 　　　　　　　　　　　　D. 7500

5. 根据《房屋建筑与装饰工程工程量计算规范》（GB 50854—2013），当土方开挖底长≤3倍底宽，且底面积为 300m²，开挖深度为 0.8m 时，清单项应列为（　　　）。

A. 平整场地 　　　　　　　　　　　B. 挖一般土方

C. 挖沟槽土方 　　　　　　　　　　D. 挖基坑土方

6. 根据《房屋建筑与装饰工程工程量计算规范》（GB 50854—2013），某建筑物场地土方工程，设计基础长27m，宽为8m，周边开挖深度均为2m，实际开挖后场地内堆土量为570m³，则土方工程量为（　　　）。

A. 平整场地 216m³ 　　　　　　　　B. 沟槽土方 655m³

C. 基坑土方 528m³ 　　　　　　　　D. 一般土方 438m³

7. 某建筑物砂土场地，设计开挖面积为 20m×7m，自然地面标高为−0.200m，设计室外地坪标高为−0.300m，设计开挖底面标高为−1.200m。根据《房屋建筑与装饰工程工程量计算规范》（GB 50854—2013），土方工程清单工程量计算应（　　　）。

A. 执行挖一般土方项目，工程量为 140m³

B. 执行挖一般土方项目，工程量为 126m³

C. 执行挖基坑土方项目，工程量为 140m³

D. 执行挖基坑土方项目，工程量为 126m³

8. 根据《房屋建筑与装饰工程工程量计算规范》（GB 50854—2013），某管沟工程，设计管底垫层宽度为 2000mm，开挖深度为 2.00m，管径为 1200mm，工作面宽 400mm，管道中心线长为 180m，管沟土方工程量计算正确的是（　　　）。

A. 432m³ 　　　　　　　　　　　　B. 576m³

C. 720m³ 　　　　　　　　　　　　D. 1008m³

9. 某较为平整的软岩施工场地，设计长度为30m，宽度为10m，开挖深度为0.8m，根据《房屋建筑与装饰工程工程量计算规范》（GB 50854—2013），开挖石方清单工程量为（　　　）。

A. 沟槽石方工程量 300m²

B. 基坑石方工程量 240m³

C. 管沟石方工程量 30m

D. 一般石方工程量 240m³

10. 根据《房屋建筑与装饰工程工程量计算规范》（GB 50854—2013），关于地基处理工程量计算正确的是（　　）。

A. 振冲桩（填料）按设计图示处理范围以面积计算

B. 砂石桩按设计图示尺寸以桩长（不包括桩尖）计算

C. 水泥粉煤灰碎石桩按设计图示尺寸以体积计算

D. 深层搅拌桩按设计图示尺寸以桩长计算

11. 根据《房屋建筑与装饰工程工程量计算规范》（GB 50854—2013），基坑支护的锚杆工程量应（　　）。

A. 按设计图示尺寸以支护体体积计算　　　　B. 按设计图示尺寸以支护面积计算

C. 按设计图示尺寸以钻孔深度计算　　　　　D. 按设计图示尺寸以质量计算

12. 根据《房屋建筑与装饰工程工程量计算规范》（GB 50854—2013），下列基坑支护工程量计算正确的是（　　）。

A. 地下连续墙按设计图示墙中心线长度计算

B. 预制钢筋混凝土板桩按设计图示数量以根计算

C. 钢板桩按设计图示数量以根计算

D. 喷射混凝土按设计图示面积乘以喷层厚度以体积计算

13. 根据《房屋建筑与装饰工程工程量计算规范》（GB 50854—2013），地下连续墙项目工程量计算正确的是（　　）。

A. 工程量按设计图示围护结构展开面积计算

B. 工程量按连续墙中心线长度乘以高度以面积计算

C. 钢筋网的制作及安装不另计算

D. 工程量按设计图示墙中心线长乘以厚度乘以槽深以体积计算

14. 根据《房屋建筑与装饰工程工程量计算规范》（GB 50854—2013），关于桩基础工程的工程量计算规则，说法正确的是（　　）。

A. 预制钢筋混凝土方桩按设计图示以桩长（包括桩尖）计算

B. 钢管桩按设计图示尺寸以长度计算

C. 挖孔桩土石方按设计图示尺寸（不含护壁）截面积乘以挖孔深度以体积计算

D. 钻孔压浆桩按图示尺寸以体积计算

15. 根据《房屋建筑与装饰工程工程量计算规范》（GB 50854—2013），打桩项目工作内容应包括（　　）。

A. 送桩　　　　　　　　　　　　　　　　B. 承载力检测

C. 桩身完整性检测　　　　　　　　　　　D. 截（凿）桩头

16. 根据《房屋建筑与装饰工程工程量计算规范》（GB 50854—2013），建筑基础与墙体均为砖砌体，且有地下室，则基础与墙体的划分界限为（　　）。

A. 室内地坪设计标高

B. 室外地面设计标高

C. 地下室地面设计标高

D. 自然地面标高

17. 根据《房屋建筑与装饰工程工程量计算规范》（GB 50854—2013），砖基础工程量计算正确的是（　　）。

A. 外墙基础断面积（含大放脚）乘以外墙中心线长度以体积计算

B. 内墙基础断面积（大放脚部分扣除）乘以内墙净长线以体积计算

C. 地（圈）梁部分体积并入基础计算

D. 靠墙暖气沟挑檐体积并入基础计算

18. 根据《房屋建筑与装饰工程工程量计算规范》（GB 50854—2013），关于砌墙工程量计算的说法，正确的是（   ）。

A. 扣除凹进墙内的管槽、暖气槽所占体积

B. 扣除伸入墙内的梁头、板头所占体积

C. 扣除凸出墙面砖垛体积

D. 扣除檩头、垫木所占体积

19. 根据《房屋建筑与装饰工程工程量计算规范》（GB 50854—2013），砌块墙高度计算正确的是（   ）。

A. 有屋架且室内外均有天棚者算至屋架下弦底另加 200mm

B. 女儿墙从屋面板顶面算至压顶顶面

C. 围墙从基础顶面算至混凝土压顶上表面

D. 外山墙从基础顶面算至山墙最高点

20. 根据《房屋建筑与装饰工程工程量计算规范》（GB 50854—2013），关于砖砌体工程量计算的说法，正确的是（   ）。

A. 空斗墙按设计尺寸墙体外形体积计算，其中门窗洞口立边的实砌部分不计入

B. 空花墙按设计尺寸以墙体外形体积计算，其中空洞部分体积应予以扣除

C. 实心砖柱按设计尺寸以柱体积计算，钢筋混凝土梁垫、梁头所占体积应予以扣除

D. 空心砖墙中心线长乘以高以面积计算

21. 根据《房屋建筑与装饰工程工程量计算规范》（GB 50854—2013），砌筑工程量计算正确的是（   ）。

A. 砖地沟按设计图示尺寸以水平投影面积计算

B. 砖地坪按设计图示尺寸以体积计算

C. 石挡土墙按设计图示尺寸以面积计算

D. 石坡道按设计图示以水平投影面积计算

22. 根据《房屋建筑与装饰工程工程量计算规范》（GB 50854—2013），关于现浇混凝土基础的项目列项或工程量计算正确的是（   ）。

A. 箱式满堂基础中的墙按现浇混凝土墙列项

B. 箱式满堂基础中的梁按满堂基础列项

C. 框架式设备基础的基础部分按现浇混凝土墙列项

D. 框架式设备基础的柱和梁按设备基础列项

23. 根据《房屋建筑与装饰工程工程量计算规范》（GB 50854—2013），关于现浇混凝土柱高计算的说法，正确的是（   ）。

A. 有梁板的柱高自楼板上表面至上一层楼板下表面之间的高度计算

B. 无梁板的柱高自楼板上表面至上一层楼板上表面之间的高度计算

C. 框架柱的柱高自柱基上表面至柱顶高度减去各层板厚的高度计算

D. 构造柱按全高计算

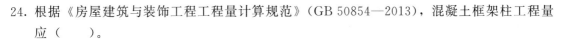

24. 根据《房屋建筑与装饰工程工程量计算规范》（GB 50854—2013），混凝土框架柱工程量应（　　）。

A. 按设计图示尺寸扣除板厚所占部分以体积计算

B. 区别不同截面以长度计算

C. 按设计图示尺寸不扣除梁所占部分以体积计算

D. 按柱基上表面至梁底面部分以体积计算

25. 根据《房屋建筑与装饰工程工程量计算规范》（GB 50854—2013），关于现浇混凝土梁工程量计算的说法，正确的是（　　）。

A. 圈梁区分不同断面按设计中心线长度计算

B. 过梁工程量不单独计算，并入墙体工程量计算

C. 异形梁按设计图示尺寸以体积计算

D. 拱形梁按设计拱形轴线长度计算

26. 根据《房屋建筑与装饰工程工程量计算规范》（GB 50854—2013），现浇混凝土墙工程量应（　　）。

A. 扣除突出墙面部分体积

B. 不扣除面积为 0.33m² 孔洞体积

C. 将伸入墙内的梁头计入

D. 扣除预埋铁件体积

27. 根据《房屋建筑与装饰工程量计算规范》（GB 50854—2013），现浇混凝土工程量计算正确的是（　　）。

A. 雨篷与圈梁连接时其工程量以梁中心为分界线

B. 阳台梁与圈梁连接部分并入圈梁工程量

C. 挑檐板按设计图示水平投影面积计算

D. 空心板按设计图示尺寸以体积计算，空心部分不予扣除

28. 根据《房屋建筑与装饰工程工程量计算规范》（GB 50854—2013），现浇钢筋混凝土楼梯的工程量应按设计图示尺寸（　　）。

A. 以体积计算，扣除宽度小于 500mm 的楼梯井

B. 以水平投影面积计算，不扣除宽度小于 500mm 的楼梯井

C. 以水平投影面积计算，伸入墙内部分并入楼梯内计算

D. 当整体楼梯与现浇楼板无连接梁时，以分界线为界

29. 根据《房屋建筑与装饰工程工程量计算规范》（GB 50854—2013），关于混凝土及钢筋混凝土工程量计算规则，说法不正确的是（　　）。

A. 无梁板体积包括板和柱帽的体积

B. 现浇混凝土楼梯可按水平投影面积计算

C. 外挑雨篷上的反挑檐并入雨篷计算

D. 预制钢筋混凝土楼梯可按设计图示尺寸以水平投影面积计算

30. 根据《房屋建筑与装饰工程工程量计算规范》（GB 50854—2013），钢筋工程中钢筋网片工程量（　　）。

A. 不单独计算

B. 按设计图示以数量计算

C. 按设计图示面积乘以单位理论质量计算

D. 按设计图示尺寸以片计算

31. 根据《房屋建筑与装饰工程工程量计算规范》（GB 50854—2013），球型节点钢网架工程量（　　）。

A. 按设计图示尺寸以质量计算

B. 按设计图示尺寸以榀计算

C. 按设计图示尺寸以铺设水平投影面积计算

D. 按设计图示构件尺寸以总长度计算

32. 根据《房屋建筑与装饰工程工程量计算规范》（GB 50854—2013），钢屋架工程量计算应（　　）。

A. 不扣除孔眼的质量

B. 按设计用量计算螺栓质量

C. 按设计用量计算铆钉质量

D. 按设计用量计算焊条质量

33. 根据《房屋建筑与装饰工程工程量计算规范》（GB 50854—2013），关于金属结构工程中压型钢板楼板、墙板的工程量计算规则，说法正确的是（　　）。

A. 压型钢板楼板按设计图示尺寸以铺挂面积计算

B. 压型钢板楼板扣除柱、垛所占面积

C. 压型钢板墙板按设计图示尺寸以铺设水平投影面积计算

D. 压型钢板墙板的包角、包边、窗台泛水不另加面积

34. 根据《房屋建筑与装饰工程工程量计算规范》（GB 50854—2013），关于金属结构工程工程量计算的说法，错误的是（　　）。

A. 钢梁不扣除孔眼的质量，焊条、铆钉、螺栓等不另增加质量

B. 钢管柱上牛腿的质量不增加

C. 压型钢板墙板按设计图示尺寸以铺挂面积计算

D. 金属网栏按设计图示尺寸以面积计算

35. 根据《房屋建筑与装饰工程工程量计算规范》（GB 50854—2013），金属门清单工程量计算正确的是（　　）。

A. 门锁、拉手按金属门五金一并计算，不单列项

B. 按设计图示洞口尺寸以质量计算

C. 按设计门框或扇外围图示尺寸以质量计算

D. 钢质防火和防盗门不按金属门列项

36. 根据《房屋建筑与装饰工程工程量计算规范》（GB 50854—2013），木门综合单价计算不包括（　　）。

A. 折页、插销安装 　　　　　　　　　　B. 门碰珠、弓背拉手安装

C. 弹簧折页安装 　　　　　　　　　　　D. 门锁安装

37. 根据《房屋建筑与装饰工程工程量计算规范》（GB 58054—2013），门窗工程量计算正确的是（　　）。

A. 木门框按设计图示洞口尺寸以面积计算

B. 金属纱窗按设计图示洞口尺寸以面积计算

C. 石材窗台板按设计图示以水平投影面积计算

D. 木门的门锁安装按设计图示数量计量

38. 根据《房屋建筑与装饰工程工程量计算规范》（GB 50854—2013），以"樘"计量的金属橱窗项目特征中必须描述（　　）。

    A. 洞口尺寸   B. 玻璃面积

    C. 窗设计数量   D. 框外围展开面积

39. 根据《房屋建筑与装饰工程工程量计算规范》（GB 50854—2013），关于屋面及防水工程工程量计算的说法，正确的是（　　）。

    A. 瓦屋面、型材屋面按设计图示尺寸以水平投影面积计算

    B. 屋面涂膜防水中，女儿墙的弯起部分不增加面积

    C. 屋面排水管按设计图示尺寸以长度计算

    D. 屋面变形缝防水按设计图示以面积计算

40. 根据《房屋建筑与装饰工程工程量计算规范》（GB 50854—2013），有关防腐、隔热和保温工程的工程量计算规则，正确的是（　　）。

    A. 保温隔热屋面按设计图示尺寸以面积计算，不扣除大于 $0.3m^2$ 孔洞所占面积

    B. 柱帽保温隔热应并入保温柱工程量内

    C. 防腐混凝土面层按设计图示尺寸以体积计算

    D. 隔离层立面防腐中，砖垛突出部分按展开面积并入墙面积内

41. 根据《房屋建筑与装饰工程工程量计算规范》（GB 58054—2013），石材踢脚线工程量应（　　）。

    A. 不予计算

    B. 并入地面面层工程量

    C. 按设计图示尺寸以长度计算

    D. 按设计图长度乘以高度以面积计算

二、多项选择题

42. 根据《房屋建筑与装饰工程工程量计算规范》（GB 50854—2013），关于管沟土方工程量计算的说法，正确的有（　　）。

    A. 按管沟宽乘以深度再乘以管道中心线长度计算

    B. 按设计管道中心线长度计算

    C. 按设计管底垫层面积乘以深度计算

    D. 按管道外径水平投影面积乘以深度计算

    E. 按管沟开挖断面乘以管中心线长度计算

43. 根据《房屋建筑与装饰工程工程量计算规范》（GB 50854—2013），关于土石方的项目列项或工程量计算，正确的有（　　）。

    A. 山坡凿石按一般石方项目编码列项

    B. 挖沟槽石方按设计图示尺寸沟槽底面积乘以挖石深度以体积计算

    C. 室内回填按主墙间净面积乘以回填厚度计算，扣除间隔墙

    D. 基础回填按设计图示尺寸以体积计算，减去自然地坪以下埋设的基础体积

    E. 挖管沟石方按设计图示截面积乘以长度以体积计算

44. 关于现浇混凝土墙工程量计算，说法正确的有（　　）。

    A. 一般的短肢剪力墙，按设计图示尺寸以体积计算

    B. 直形墙、挡土墙按设计图示尺寸以体积计算

    C. 弧形墙按墙厚不同以展开面积计算

D. 墙体工程量应扣除预埋铁件所占体积

E. 墙垛及突出墙面部分的体积不计算

45. 根据《房屋建筑与装饰工程工程量计算规范》（GB 50854—2013），关于钢筋保护层的工程量计算，正确的有（   ）。

A. φ20mm 钢筋一个半圆弯钩的增加长度为 125mm

B. φ16mm 钢筋一个 90° 弯钩的增加长度为 56mm

C. φ20mm 钢筋弯起 45°，弯起高度为 450mm，一侧弯起增加的长度为 186.3mm

D. 通常情况下，混凝土梁的钢筋保护层厚度不小于 15mm

E. 箍筋根数＝构件长度/箍筋间距＋1

46. 根据《房屋建筑与装饰工程工程量计算规范》（GB 50854—2013），在装饰装修工程中，天棚抹灰的工程量计算规则正确的有（   ）。

A. 按设计图示尺寸以水平投影面积计算

B. 带梁天棚、梁两侧抹灰面积并入天棚面积内

C. 扣除检查口、管道、间壁墙所占的面积

D. 板式楼梯底面抹灰以水平投影面积计算

E. 锯齿形楼梯底板抹灰按斜面积计算

47. 根据《房屋建筑与装饰工程工程量计算规范》（GB 50854—2013），关于楼地面装饰工程量计算的说法，正确的有（   ）。

A. 整体面层按面积计算，扣除 0.3m² 以内的孔洞所占面积

B. 水泥砂浆楼地面门洞开口部分不增加面积

C. 块料面层门洞开口部分不增加面积

D. 橡塑面层门洞开口部分并入相应的工程量内

E. 地毯楼地面的门洞开口部分不增加面积

48. 根据《房屋建筑与装饰工程工程量计算规范》（GB 50854—2013），措施项目工程量的计算规则正确的有（   ）。

A. 垂直运输可按施工工期日历天数计算

B. 垂直运输可按建筑物高度计算

C. 超高施工增加按建筑物超高部分的高度计算

D. 大型机械设备进出场及安拆按使用机械设备的数量计算

E. 施工排水、降水按排水、降水日历天数计算

第四节　土建工程工程量清单的编制

考点　土建工程工程量清单的编制

一、单项选择题

1. 采用工程量清单计价方式招标时，对工程量清单的完整性和准确性负责的是（   ）。

A. 编制招标文件的招标代理人

B. 编制清单的工程造价咨询人

C. 发布招标文件的招标人

D. 确定中标的投标人

2. 分部分项工程量清单的项目编码的设置，应采用（　　）位阿拉伯数字表示。

 A. 九   B. 十

 C. 十二   D. 十四

3. 在分部分项工程量清单的项目编码中，三、四位为（　　）。

 A. 专业工程代码

 B. 分部工程顺序码

 C. 附录分类顺序码

 D. 清单项目名称顺序码

4. 编制房屋建筑工程施工招投标的工程量清单，第 3 个单位工程的实心砖墙的项目编码为（　　）。

 A. 010503002003

 B. 010403003003

 C. 010401003003

 D. 010503003003

5. 根据《建设工程工程量清单计价规范》（GB 50500—2013），关于项目特征说法正确的是（　　）。

 A. 项目特征是编制工程量清单的基础

 B. 项目特征是确定工程内容的核心

 C. 项目特征是项目自身价值的本质特征

 D. 项目特征工程结算的关键依据

6. 工程量清单特征描述主要说明（　　）。

 A. 措施项目的质量安全要求

 B. 确定综合单价需考虑的问题

 C. 清单项目的计算规则

 D. 分部分项项目和措施项目的区别

二、多项选择题

7. 根据《建设工程工程量清单计价规范》（GB 50500—2013），关于分部分项工程量清单的编制，下列说法正确的有（　　）。

 A. 以重量计算的项目，其计量单位应为吨或千克

 B. 以吨为计量单位时，其计算结果应保留三位小数

 C. 以立方米为计量单位时，其计算结果应保留三位小数

 D. 以千克为计量单位时，其计算结果应保留一位小数

 E. 以"个""项"为单位时，应取整数

8. 为有利于措施费的确定和调整，根据现行工程量计算规范，适宜采用单价措施项目计价的有（　　）。

 A. 夜间施工增加费

 B. 二次搬运费

 C. 施工排水、降水费

 D. 超高施工增加费

 E. 垂直运输费

第五节　计算机辅助工程量计算

 考点　BIM 技术计量【重要】

多项选择题

下列属于 BIM 技术特点的有（　　　）。

A. 不可出图性

B. 协调性

C. 参数化

D. 数字化

E. 可视化

✎学习笔记

第三章

工程计价

（建议学习时间：**1**周）

学习计划（第3.5～4.5周）：

Day 1

Day 2

Day 3

Day 4

Day 5

Day 6

Day 7

扫码即听
本章导学

第三章　工程计价

知识脉络

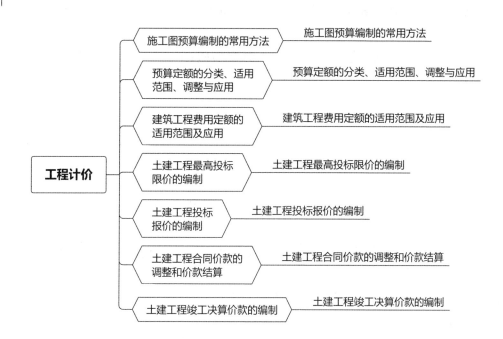

第一节　施工图预算编制的常用方法

考点 施工图预算编制的常用方法

单项选择题

1. 施工图预算是在（　　）阶段编制的计价文件。

　　A. 可行性分析　　　　　　B. 设计　　　　　　　C. 施工　　　　　　　D. 发承包

2. 关于建设工程预算，符合组合与分解层次关系的是（　　）。

　　A. 单位工程预算、单位工程综合预算、类似工程预算

　　B. 单位工程预算、类似工程预算、建设项目总预算

　　C. 单位工程预算、单项工程综合预算、建设项目总预算

　　D. 单位工程综合预算、类似工程预算、建设项目总预算

3. 编制某单位工程施工图预算时，先根据地区统一单位估价表中的各项工程工料单价，乘以相应的工程量并相加，得到单位工程的人工费、材料费和机具使用费三者之和，再汇总其他费用求和。这种编制预算的方法是（　　）。

　　A. 工料单价法　　　　　　　　　　　　B. 综合单价法

　　C. 全费用单价法　　　　　　　　　　　D. 实物量法

4. 采用实物量法与工料单价法编制施工图预算，其工作步骤差异体现在（　　）。

　　A. 工程量的计算　　　　　　　　　　　B. 直接费的计算

　　C. 企业管理费的计算　　　　　　　　　D. 税金的计算

5. 综合单价不包含（　　）。

　　A. 企业管理费　　　　　　　　　　　　B. 规费

　　C. 利润　　　　　　　　　　　　　　　D. 考虑风险费用的分摊

第二节　预算定额的分类、适用范围、调整与应用

> **考点**　预算定额的分类、适用范围、调整与应用

单项选择题

1. 预算定额按生产要素划分，不包括（　　）。

　　A. 劳动定额　　　　　　　　　　　　　B. 材料消耗定额

　　C. 企业定额　　　　　　　　　　　　　D. 施工机械定额

2. 下列关于企业定额的说法，正确的是（　　）。

　　A. 可以全国通用　　　　　　　　　　　B. 可以作为招标控制计价基础

　　C. 反应企业真实水平　　　　　　　　　D. 属于地区定额

第三节　建筑工程费用定额的适用范围及应用

> **考点**　建筑工程费用定额的适用范围及应用

一、单项选择题

1. 根据现行建筑安装工程费用项目组成的规定，下列费用项目中，属于施工机具使用费的是（　　）。

　　A. 仪器仪表使用费

　　B. 施工机械财产保险费

　　C. 大型机械进出场费

　　D. 大型机械安拆费

2. 企业管理费由承包人投标报价时自主确定，可以作为费用计算基数的不包括（　　）。

　　A. 人、材、机费　　　　　　　　　　　B. 材料费

　　C. 人工费和机械费　　　　　　　　　　D. 人工费

二、多项选择题

3. 按照费用构成要素划分的建筑安装工程费用项目组成规定，下列费用项目应列入材料费的有（　　）。

　　A. 周转材料的摊销、租赁费用

　　B. 材料运输损耗费用

　　C. 施工企业对材料进行一般鉴定，检查发生的费用

　　D. 材料运杂费中的增值税进项税额

　　E. 材料采购及保管费用

第四节　土建工程最高投标限价的编制

考点 土建工程最高投标限价的编制

单项选择题

1. 根据《建设工程工程量清单计价规范》（GB 50500—2013）对招标控制价的有关规定，下列说法正确的是（　　）。

A. 招标控制价公布后根据需要可以上浮或下调

B. 招标人可以只公布招标控制价总价，也可以只公布单价

C. 招标控制价可以在招标文件中公布，也可以在开标时公布

D. 高于招标控制价的投标报价应被拒绝

2. 关于招标控制价的相关规定，下列说法正确的是（　　）。

A. 国有资金投资的工程建设项目，应编制招标控制价

B. 招标控制价应在招标文件中公布，仅需公布总价

C. 招标控制价超过批准概算3%以内时，招标人不必将其报原概算审批部门审核

D. 当招标控制价复查结论超过原公布的招标控制价3%以内时，应责成招标人改正

第五节　土建工程投标报价的编制

考点 土建工程投标报价的编制

单项选择题

关于投标报价时综合单价的确定，下列说法正确的是（　　）。

A. 以项目特征描述为依据确定综合单价

B. 招标工程量清单特征描述与设计图纸不符时，应以设计图纸为准

C. 应考虑招标文件规定范围（幅度）外的风险费用

D. 消耗量指标的计算应以地区或行业定额为依据

第六节　土建工程合同价款的调整和价款结算

考点 土建工程合同价款的调整和价款结算

单项选择题

1. 为合理划分发承包双方的合同风险，对于招标工程，在施工合同中约定的基准日期一般为（　　）。

A. 招标文件中规定的提交投标文件截止时间前的第28天

B. 招标文件中规定的提交投标文件截止时间前的第42天

C. 施工合同签订前的第28天

D. 施工合同签订前的第42天

2. 某工程采用清单计价，招标工程量清单中含有甲、乙两个分项，工程量分别为4500m³和3200m³。已标价工程量清单中，甲项综合单价为1240元/m³，乙项综合单价为

985元/m³。合同约定，分项工程实际工程量比招标工程量清单中的工程量增加10％以上时，超出部分的工程量单价调价系数为0.9，当分项工程实际工程量比招标工程量清单中的工程量减少10％以上时，全部工程量的单价调价系数为1.08。承包商各月实际完成（经业主确认）的工程量见下表（单位：m³），则6月份承包商完成乙分项工程的工程款中分部分项工程量清单合价是（　　）万元。

分项工程/月份	3	4	5	6
甲	900	1200	1100	850
乙	700	1000	1100	1000

A. 201.14

B. 105.40

C. 95.74

D. 87.3

第七节　土建工程竣工决算价款的编制

考点　土建工程竣工决算价款的编制

多项选择题

竣工决算的核心内容有（　　）。

A. 竣工财务决算说明书

B. 工程竣工图

C. 竣工财务决算报表

D. 工程竣工造价对比分析

E. 施工组织设计图

✏️学习笔记

第四章

案例模块

（建议学习时间：**2.5**周）

学习计划（第4.5～7周）：

Day 1	*Day 8*	*Day 15*
Day 2	*Day 9*	*Day 16*
Day 3	*Day 10*	*Day 17*
Day 4	*Day 11*	*Day 18*
Day 5	*Day 12*	
Day 6	*Day 13*	
Day 7	*Day 14*	

第四章 案例模块

知识脉络

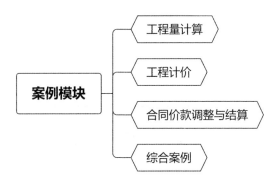

专题一 工程量计算

➤ 备考指导

此部分内容要求应考人员熟悉工程量清单计算规范和地方定额计算规则，并具备计算实际工程工程量的能力。重点掌握建筑面积计算规则、建筑与装饰工程工程量计算规则，熟悉建筑与装饰工程工程量清单编制方法和步骤，具备编制现场实际工程工程量清单能力。另外，识图是工程量计算的基础，应考人员在备考过程中需要注意提升识图能力。工程量的计算一般步骤繁多，所以除了做题思路以外，应考人员还要注意锻炼做题速度。

➤ 经典习题

案例一

某工程独立基础见图 4-1-1。已知：土壤类别为三类土；基础垫层为 C10 混凝土，独立基础及上部结构柱为 C20 混凝土；弃土运距 200m；基础回填土夯填；土方挖、填计算均按天然密实土。

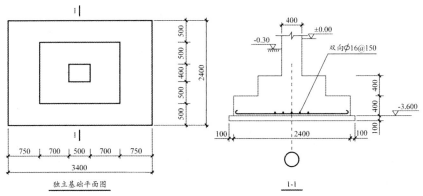

图 4-1-1 某工程独立基础平面图

问题：

计算并补充表 4-1-1 所示的 ±0.00 以下分部分项工程清单工程量。（工程量计算结果保留三位小数）

表 4-1-1　±0.00 以下分部分项工程清单工程量

序号	项目名称	计算式	工程量	计量单位
1	挖基础土方			
2	基础垫层			
3	独立基础			
4	矩形柱			
5	基坑回填土			

✏学习笔记

案例二

某工程±0.00以下基础施工图见图4-1-2～图4-1-4，室内外标高差450mm。基础垫层为非原槽浇筑，垫层支模，混凝土强度等级为C10；地圈梁混凝土强度等级为C20。砖基础为普通页岩标准砖，M5.0水泥砂浆砌筑。独立柱基及柱为C20混凝土，混凝土及砂浆为现场搅拌。回填夯实，土壤类别为三类土。

问题：

根据《房屋建筑与装饰工程工程量计算规范》（GB 50854—2013），确定相关清单项目的工程量，填写表4-1-2"工程量计算表"（此处默认土方工程量不包含放坡增加的工程量）。（计算结果保留两位小数）

表4-1-2 工程量计算表

序号	项目编码	项目名称	计量单位	计算式	工程量合计
1	010101001001	平整场地	m²		
2	010101003001	挖沟槽土方	m³		
3	010101004001	挖基坑土方	m³		
4	010103002001	土方回填	m³		
5	010103001001	余方弃置	m³		

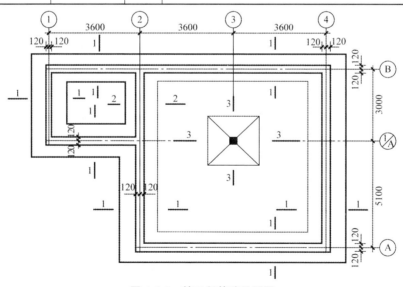

图4-1-2 某工程基础平面图

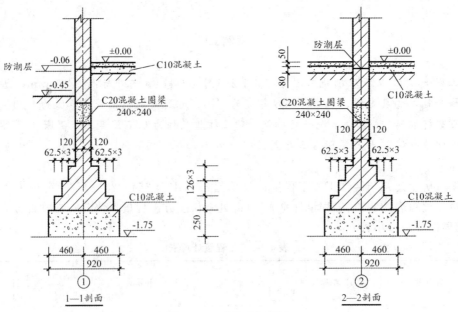

图 4-1-3　砖基础剖面图

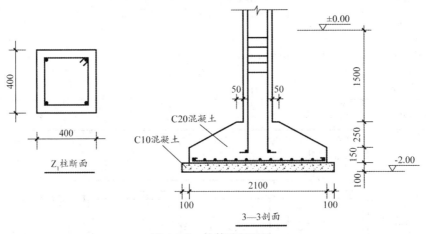

图 4-1-4　柱基础剖面图

✏学习笔记

案例三

某工程建筑面积为 $1600m^2$，檐口高度 11.60m，基础为无梁式满堂基础，地下室外墙为钢筋混凝土墙，满堂基础平面布置示意见图 4-1-5，基础及剪力墙剖面示意图见图 4-1-6。混凝土采用预拌混凝土，强度等级分别为：基础垫层为 C15，满堂基础、混凝土墙均为 C30。项目编码及特征描述等见分部分项工程和单价措施项目工程量计算表，见表 4-1-3。招标文件规定：土质为三类土，所挖全部土方场内弃土运距 50m，基坑夯实回填，基底无需钎探，挖、填土方计算均按天然密实土体积计算。

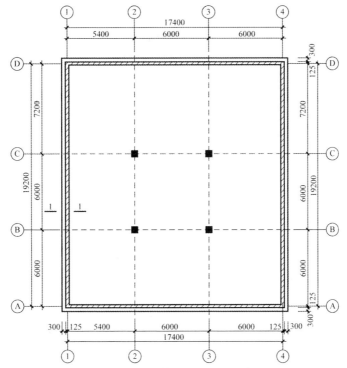

图 4-1-5 满堂基础平面布置示意图

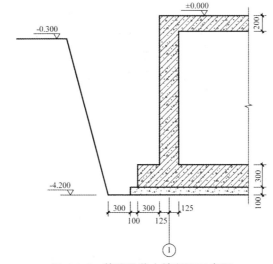

图 4-1-6 基础及剪力墙剖面示意图

问题：

1. 根据图示内容及《房屋建筑与装饰工程工程量计算规范》《建设工程工程量清单计价规范》的规定，计算该工程挖一般土方、土方回填、基础垫层、混凝土满堂基础、混凝土墙、综合脚手架、垂直机械运输的招标工程量清单中的数量，计算过程填入表 4-1-3 中。

表 4-1-3　分部分项工程和单价措施项目工程量计算表

序号	项目编码	项目名称	项目特征	计量单位	工程量	计算过程
1	010101002001	挖一般土方	（1）土壤类别：三类土 （2）挖土深度：3.9m （3）弃土运距：场内堆放运距为 50m	m^3		
2	010103001001	土方回填	（1）密实度要求：符合规范要求 （2）填方运距：50m	m^3		
3	010501001001	基础垫层	（1）混凝土种类：预拌混凝土 （2）混凝土强度等级：C15	m^3		
4	010501004001	满堂基础	（1）混凝土种类：预拌混凝土 （2）混凝土强度等级：C30	m^3		
5	010504001001	直行墙	（1）混凝土种类：预拌混凝土 （2）混凝土强度等级：C30	m^3		
6	010515001001	现浇构件钢筋	（1）钢筋种类：带肋钢筋 HRB400 （2）钢筋型号：Φ22	t	28.96	
7	011701001001	综合脚手架	（1）建筑结构形式：地上框架、地下剪力墙结构 （2）檐口高度：11.60m	m^2		
8	011703001001	垂直机械运输	（1）建筑结构形式：地上框架、地下室剪力墙结构 （2）檐口高度、层数：11.60m、三层	m^2		

2. 依据工程所在省《房屋建筑与装饰工程消耗量定额》的规定，挖一般土方的工程量按设计图示基础（含垫层）尺寸，另加工作面宽度、土方放坡宽度乘以开挖深度，以体积计算，基础土方放坡自基础（含垫层）底标高算起。混凝土基础垫层支模板和混凝土基础支模板的工作面均为每边 300，三类土放坡起点深度为 1.5m。采用机械挖土（坑内作业）放坡坡度为 1：0.25，计算编制招标控制价时机械挖一般土方、回填土方的施工工程量。

✎学习笔记

....

....

....

....

案例四

（1）图 4-1-7 为一层柱及屋面梁示意图，钢筋混凝土梁、柱及屋面板顶标高均为 3.80m，其中屋面板厚度为 120mm，梁、柱截面尺寸详见图示。

（2）图 4-1-8 为一层建筑平面图，内、外砖墙均为 240mm 厚，采用 240×115×90 非黏土烧结页岩多孔砖以 DM M7.5 干混砌筑砂浆进行砌筑；门窗数量及其洞口尺寸、构造柱平面布置及其截面尺寸详见图示，门窗洞口顶部标高未达框架梁底标高的需设置现浇混凝土过梁，过梁截面高度 120mm，两端伸入砖墙各 250mm，窗洞口底部标高 1.20m。

（3）构造柱、过梁采用 C25 非泵送商品混凝土，其余均为 C30 泵送商品混凝土。

（4）地面做法：素土夯实，100mm 厚碎石干铺垫层，80mm 厚 C20 非泵送商品细石混凝土找平层，粘结剂密缝铺贴白色地砖（600mm×600mm），遇外墙设有门洞时，地面面层与外墙外侧齐平。

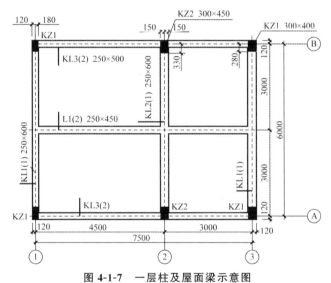

图 4-1-7　一层柱及屋面梁示意图

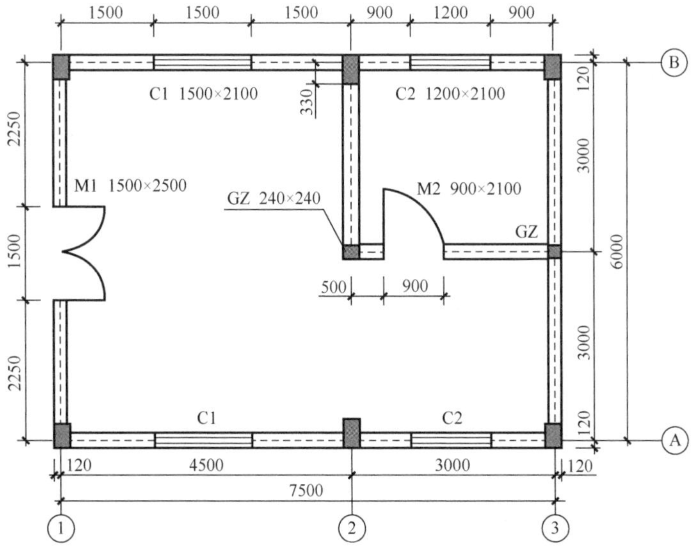

图 4-1-8　一层建筑平面图

问题：

1. 根据以上背景资料及《房屋建筑与装饰工程工程量计算规范》（GB 50854—2013）要求，按照表 4-1-4 "清单工程量计算表" 所列内容计算该工程 ±0.00 以上现浇混凝土构件（柱、梁）浇捣、砌体砌筑、块料面层及地面垫层的清单工程量。

表 4-1-4　清单工程量计算表

序号	项目编码	项目名称	项目特征	计量单位	工程量
1	010502001001	矩形柱	(1) 泵送商品混凝土 (2) C30	m³	
2	010502002001	构造柱	(1) 非泵送商品混凝土 (2) C25	m³	
3	010503002001	矩形梁	(1) 泵送商品混凝土 (2) C30	m³	
4	010503005001	过梁	(1) 非泵送商品混凝土 (2) C25	m³	
5	010401004001	多孔砖墙	(1) 240×115×90 非黏土烧结页岩多孔砖墙 (2) DM M7.5 干混砌筑砂浆	m³	
6	010404001001	垫层	100mm 厚碎石干铺垫层	m³	
7	011102003001	块料地面	(1) 80mm 厚 C20 非泵送商品细石混凝土找平层 (2) 粘结剂密缝铺贴白色地砖（600mm×600mm）	m²	

2. 编制相应分部分项工程量清单。（计算结果保留两位小数）

 学习笔记

案例五

某房屋的平面和剖面见图 4-1-9～4-1-11，其中墙为 MU10.0 普通实心砖混水泥墙，墙厚为 200mm，M7.5 水泥砂浆，除基础层外，一、二层和屋面层外墙均设 C25 混凝土 180mm 厚圈梁，M-1、M-2 和 C-1 尺寸分别为 1000mm×2400mm、900mm×2000mm 和 1500mm×1800mm。

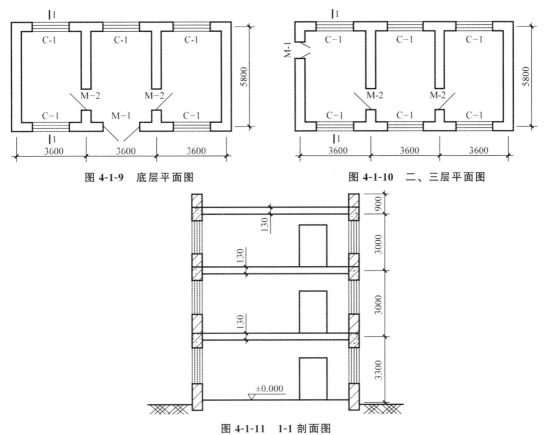

图 4-1-9　底层平面图 　　　　　　图 4-1-10　二、三层平面图

图 4-1-11　1-1 剖面图

问题：

1. 根据《房屋建筑与装饰工程工程量计算规范》（GB 50854—2013）填写内、外墙砌体的分部分项工程量清单表（表 4-1-5）。

表 4-1-5　分部分项工程量清单表

序号	项目编码	项目名称及特征	计量单位	工程量
1	010401003001	实心砖（外）墙 普通砖外墙，混水墙 MU10.0 墙体厚度：200mm 砂浆等级：M7.5 水泥砂浆	m³	
2	010401003002	实心砖（内）墙 普通砖内墙，混水墙 MU10.0 墙体厚度：200mm 砂浆等级：M7.5 水泥砂浆	m³	

2. 如果底层地面为现浇水磨石整体面层，根据《房屋建筑与装饰工程工程量计算规范》（GB 50854—2013）计算底层现浇水磨石地面的工程量。

 学习笔记

专题二　工程计价

➤ 备考指导

工程计价是造价人员的必会知识。其中，综合单价是工程计价的基础，也是造价人员开展造价工作的基本技能，所以综合单价的计算将是各地区二级造价工程师执业资格考试的重要内容。在学习过程中，要求应考人员理解并掌握综合单价的构成，熟悉当地定额，能够熟练套用定额计算定额基价以及综合单价。另外，综合组价也是常考内容，要求考生掌握造价的组成。

➤ 经典习题

案例一

某省定额 3-37 为一砖厚承重多孔砖墙、M7.5 混合砂浆砌筑，混合砂浆 M7.5 定额用量 1.890m³/10m³，对应《建筑装饰工程价目表》3-37 基价 2661.10 元/10m³，查《建筑装饰工程价目表》附录，M10 混合砂浆单价 175.37 元/m³，M7.5 混合砂浆单价 173.27 元/m³。如设计外墙为一砖厚承重多孔砖墙、M10 混合砂浆砌筑，调整定额基价。

✐ 学习笔记

案例二

某省一般抹灰定额及规定见表 4-2-1。

表 4-2-1　一般抹灰定额

工作内容：1. 基层清理、修补堵眼、湿润基层、调运砂浆、清扫落地灰。
　　　　　2. 分层抹灰找平、面层压光（包括门窗洞口侧壁抹灰）等全过程。

（计量单位：100m²）

定额编号				12—1	12—2	12—3	12—4
项目				内墙	外墙	每增减1	钢板网墙
				14＋6			
基价/元				2563.39	3216.87	52.99	2672.49
其中	人工费/元			1498.23	2151.71	—	1687.95
	材料费/元			1042.68	1042.68	51.83	963.80
	机械费/元			22.48	22.48	1.16	20.74
名称		单位	单价/元	消耗量			
人工	三类人工	工日	155.00	9.666	13.882	—	10.890
材料	干混抹灰砂浆 DP M15.0	m³	446.85	2.320	2.320	0.116	—
	干混抹灰砂浆 DP M20.0	m³	446.95	—	—	—	2.143
	水	m³	4.27	0.700	0.700	—	0.700
	其他材料费	元	1.00	3.00	3.00	—	3.00
机械	干混砂浆罐式搅拌机 20000L	台班	193.83	0.116	0.116	0.006	0.107

（1）墙面一般抹灰定额子目，除定额另有说明外均按厚度 20mm、三遍抹灰取定考虑。

（2）抹灰厚度设计与定额不同时，按每增减 1mm 相应定额进行调整。

（3）当抹灰遍数增加（或减少）一遍时，每 100m² 另增加（或减少）2.94 工日。

（4）企业管理费和利润都以人工费和机械费为计算基数，其中企业管理费的费率为 15.16％，利润费率为 7.62％。

问题：

某单独装饰工程内墙面 15mm 厚干混抹灰砂浆（DP M20.0）二遍抹灰。求定额清单综合单价。

✐学习笔记

....

....

....

....

....

....

案例三

某传达室砖基础，墙体厚度240mm，采用MU100标准砖（240mm×115mm×53mm），M5.0水泥砂浆砌筑。已知：砖基础1.00m³，企业管理费费率为15%，利润率为11%，人工单价按照当地造价管理部门发布的人工市场价格信息调整为154元/工日（本题机械费中的人工费不作调整），标准砖（240mm×115mm×53mm）市场价格信息为600元/千块。企业管理费和利润按定额人工费和定额机械费之和为基数来计算。

定额基价见表4-2-2。

表 4-2-2　定额基价表　　　　　　　　　　（计量单位：m³）

定额编号				J1—1
项目名称				砖基础
基价/元				412.91
其中		人工费/元		141.12
		材料费/元		263.39
		机械费/元		8.40
	名称	单位	单价/元	消耗量
人工	综合工日	工日	140.00	1.008
材料	标准砖 240×115×53	百块	41.45	5.236
	水	m³	7.96	0.105
	水泥砂浆 M5.0	m³	192.88	0.236
机械	灰浆搅拌机 200L	台班	215.26	0.039

问题：

列式计算砖基础综合单价。（计算结果保留两位小数）

学习笔记

案例四

某工程屋面防水工程量清单见表 4-2-3。

表 4-2-3 工程量清单

序号	项目编号	项目名称	特征描述	计量单位	工程数量	金额	
						综合单价	合计
1	010902001001	屋面卷材防水	3mm 厚（热熔法）APP 卷材一遍，上卷200mm 高	m²	326.75		

某施工企业投标时，经综合考虑决定，该屋面卷材防水分部分项工程费中的企业管理费和利润在工程所在省《建设工程工程量清单计价费率》的基础上下浮5％计取，且不考虑风险。因该企业无企业定额，故参考工程所在省《建设工程消耗量定额》计算消耗量，定额编号9—27，见表4-2-4。经市场调价，人工单价120元/工日，APP卷材23元/m²，其余材料、机械单价均采用工程所在省《建设工程价目表》价格，见表4-2-5。

表 4-2-4 工程所在省建设工程消耗量定额

定额编号	定额名称	计量单位	人工	材料							
				改性沥青卷材	氯丁胶乳沥青	二甲苯	乙酸乙酯	液化气	聚合物水泥砂浆	镀锌铁皮	水泥钢钉
9—27	改性沥青卷材（热熔法）	100 m²	4.560 工日	123.410 m²	18.180 Kg	16.200 Kg	5.050 Kg	26.470 Kg	0.026 m³	0.400 m²	0.320 kg

表 4-2-5 工程所在省建设工程价目表

定额编号	定额名称	计量单位	基价/元	其中		
				人工费	材料费	机械费
9—27	改性沥青卷材（热熔法）	100m²	2394.01	191.52	2202.49	0

其中：APP14.80 元/m²。

已知工程所在省《建设工程工程量清单计价费率》中，企业管理费费率（一般土建工程）为5.11％，利润费率（一般土建工程）为3.11％。企业管理费以调价后的直接工程费为基数来计算，利润以调价后的直接工程费和企业管理费之和为基数来计算。

问题：

1. 计算屋面防水卷材清单项目的基价（分别计算人工费、材料费和机械费）。

2. 进行该屋面防水卷材项目的综合单价分析（分别计算管理费和利润、综合单价和合价）。

（计算结果保留两位小数）

✎学习笔记

案例五

某高层商业办公综合楼工程建筑面积为 90586m²。根据计算，建筑工程造价为 2300 元/m²，安装工程造价为 1200 元/m²，装饰装修工程造价为 1000 元/m²，其中定额人工费占分部分项工程造价的 15%。措施费以分部分项工程费为计费基础，其中安全文明施工费费率为 1.5%，其他措施费费率合计为 1%。其他项目费合计 800 万元，规费按人工费的 8% 计算，税率为 9%。

问题：

计算安全文明施工费、措施项目费、人工费、规费、增值税，并在表 4-2-6"单位工程最高投标限价汇总表"中编制该工程最高投标限价。（计算结果保留两位小数）

表 4-2-6　单位工程最高投标限价汇总表

序号	内容	计算方法	金额/万元
1	分部分项工程		
1.1	建筑工程		
1.2	安装工程		
1.3	装饰装修工程		
2	措施项目费		
2.1	其中：安全文明施工费		
3	其他项目费		
4	规费		
5	税金（扣除不列入计税范围的工程设备金额）		
招标控制价合计 ＝（1＋2＋3＋4＋5）			

✏️**学习笔记**

案例六

某整体烟囱分部分项工程费为 2000000.00 元；单价措施项目费 150000.00 元，总价措施项目仅考虑安全文明施工费，安全文明施工费按分部分项工程费的 3.5% 计取；其他项目考虑基础基坑开挖的土方、护坡、降水，专业工程暂估价为 110000.00 元（另计 5% 总承包服务费）；人工费占比分别为分部分项工程费的 8%、措施项目费的 15%；规费按照人工费的 21% 计取，增值税税率按 10% 计取。

问题：

按照《建设工程工程量清单计价规范》（GB 50500—2013）的要求，计算安全文明施工费、措施项目费、人工费、总承包服务费、规费、增值税，并在"单位工程最高投标限价汇总表"中编制该钢筋混凝土烟囱单位工程最高投标限价。

表 4-2-7　单位工程最高投标限价汇总表

序号	汇总内容	金额	其中暂估价/元
1	分部分项工程		
2	措施项目		
2.1	其中：安全文明施工费		
3	其他项目费		
3.1	其中：专业工程暂估价		
3.2	其中：总承包服务费		
4	规费（人工费 21%）		
5	增值税		
招标控制价合计＝1＋2＋3＋4＋5			

（上述问题所提及的各项费用均不包含增值税可抵扣进项税额；所有计算结果均保留两位小数）

✎学习笔记

....

....

....

....

....

....

....

....

专题三　合同价款调整与结算

➤ 备考指导

　　此部分包括合同价款调整及价款结算。合同价款调整重点掌握几种调整方法的调整事项，例如：法规变化类合同价款调整事项、工程变更类合同价款调整事项、物价变化类合同价款调整事项、工程索赔类合同价款调整事项、其他类合同价款调整事项。工程变更和工程索赔属于常考内容。工程价款结算着重掌握预付款的支付和计算，可以单独出一道案例来考查，有时预付款也会结合工程量偏差来考查。

➤ 经典习题

案例一

　　在总承包施工合同中约定"当工程量偏差超出5%时，该项增加部分或剩余部分综合单价按5%进行浮动"。施工单位编制竣工结算时发现工程量清单中两个清单项的工程数量增减幅度超出5%，其相应工程数量、单价等数据详见表4-3-1。

表4-3-1　两个清单项的相关数据

清单项	清单工程量	实际工程量	清单综合单价	浮动系数
清单项 A	5080m³	5594m³	452 元/m³	5%
清单项 B	8918m²	8205m²	140 元/m²	5%

问题：

分别计算清单项 A、清单项 B 的结算总价。（单位：元）

✏学习笔记

案例二

某施工合同约定采用价格指数及价格调整公式调整价格差额，调价因素及有关数据见表 4-3-2。

表 4-3-2　调价因素及有关数据

项目	人工	钢材	水泥	砂石料	施工机具使用费	定值
权重系数	0.10	0.10	0.15	0.15	0.20	0.30
基准日价格或指数	80 元/日	100	110	120	115	—
现行价格或指数	90 元/日	102	120	110	120	—

问题：

若某月完成进度款为 1500 万元，则该月应当支付给承包人的价格调整金额为多少万元？

学习笔记

案例三

某发包人和承包人签订某工程施工合同，合同价为 420 万元，工期为 4 个月，有关工程价款和支付约定如下：

（1）工程预付款为工程合同价的 20%。

（2）工程预付款应从未施工工程所需的主要材料及设备费相当于工程预付款数额时起扣，每月以抵充工程款的方式陆续扣留，竣工前全部扣清，主要材料及设备费占工程款的比重为 60%。

（3）工程进度款逐月计算。

（4）工程质量保证金为工程合同价的 3%，竣工结算一次扣留。

（5）主要材料及设备费上调 12%，结算时一次调整。

（6）各月实际完成产值，见表 4-3-3。

表 4-3-3　各月实际完成产值

月份	3	4	5	6	合计
完成产值/万元	40	90	200	90	420

问题：

1. 工程价款结算的方式有哪几种？

2. 该工程的工程预付款、起扣点分别是多少？

3. 该工程 3 月至 5 月每月拨付工程款是多少？累计工程款是多少？

4. 6 月份办理竣工结算，该工程结算造价是多少？发包人应付工程结算款是多少？

5. 该工程在质量缺陷责任期间内发生管道漏水，发包人多次催促乙方修理，承包人总是拖延，最后承包人另请施工单位维修，维修费为 0.5 万元，该项费用如何处理？

（计算结果保留两位小数）

✐学习笔记

....
....
....
....
....
....
....
....
....
....

案例四

某工程建设单位与施工单位签订的施工合同中含有两个子项工程，估算工程量 A 项为 2500m³，B 项为 3400m³，经协商合同 A 项为 200 元/m³，B 项为 180 元/m³。施工合同约定：

(1) 开工前，建设单位应向施工单位支付合同价 20% 的预付款。

(2) 建设单位自第一个月起，从施工单位的工程款中，按 3% 的比例扣除保修金。

(3) 当子项工程实际工程量超过估算工程量 10% 时，可进行调价，调整系数为 0.9。

(4) 根据市场情况规定价格调整系数平均按 1.2 计算。

(5) 工程师签发月度付款最低金额为 30 万元。

(6) 预付款在最后两个月扣除，每月扣 50%。

施工单位每月实际完成并经工程师签证确认的工程量见表 4-3-4。

表 4-3-4 每月实际完成工程量 （单位：m³）

月份	1 月	2 月	3 月	4 月
A 项	550	800	1000	650
B 项	700	1050	800	600

问题：

1. 计算本工程的预付款。

2. 分别计算 1 月份～4 月份各月工程量价款、工程师应签证的工程款及实际签发的付款凭证金额。

✎学习笔记

案例五

　　某施工单位与建设单位签订一建筑工程施工合同，合同总价 2300 万元。采用单价合同计价方式。开工前，施工单位项目经理部针对该项目编制了施工组织设计，并获得工程师批准。其中土方工程施工方案及相应进度计划部分内容：基础土方开挖 7 月 11 日开始，7 月 20 日结束；采用租赁的一台斗容量为 1m³ 的反铲挖掘机施工。已知工程投标报价文件中，反铲挖掘机租赁费用 650 元/台班，人工工日单价 83 元/工日，增加用工所需的管理费为人工费的 30%。

　　基坑开挖过程中，发生如下事件：

　　事件 1：基坑开挖 2 天后，租赁挖掘机出现机械故障需进行大修，停工 2 天，造成现场人员窝工 12 个工日。

　　事件 2：在开挖过程中，遇到软弱土层，工程师到现场查看，指令停工，要求重新进行地质情况复查工作。施工单位配合用工 15 个工日，窝工 5 个工日（降效系数 0.6），停工 5 天后，设计单位给出设计变更通知单，施工单位接到复工令。

　　事件 3：施工单位复工 2 天后，遇到罕见暴雨，工程被迫停工 3 天，导致人员窝工 10 个工日。最终基坑于 7 月 30 日开挖完成。

　　施工单位分别就事件 1～事件 3 提出了索赔。

　　问题：

　　1. 施工单位针对事件 1 提出的费用和工期索赔是否成立？说明理由。

　　2. 计算施工单位就事件 2 可索赔的工期和费用，说明索赔理由。

　　3. 计算施工单位就事件 3 可索赔的工期和费用，说明索赔理由。

✎学习笔记

....

....

....

....

....

....

....

....

....

....

....

案例六

某施工单位承担了某综合办公楼的施工任务，并与建设单位签订了该项目建设工程施工合同，合同价3200万元人民币，合同工期28个月。某监理单位受建设单位委托承担了该项目的施工阶段监理任务，并签订了监理合同。在工程施工过程中，遭受暴风雨不可抗力的袭击，造成了相应的损失。施工单位在事件发生后一周内向监理工程师提出索赔要求，并附索赔有关的材料和证据。施工单位的索赔要求如下：

（1）遭暴风雨袭击造成的损失，应由建设单位承担赔偿责任。

（2）已建部分工程造成破坏，损失26万元，应由建设单位承担修复的经济责任。

（3）此灾害造成施工单位人员8人受伤，处理伤病医疗费用和补偿金总计2.8万元，建设单位应给予补偿。

（4）施工单位现场使用的机械、设备受到损坏，造成损失6万元；由于现场停工造成机械台班费损失2万元，工人窝工费4.8万元，建设单位应承担修复和停工的经济责任。

（5）此灾害造成现场停工5天，要求合同工期顺延5天。

（6）由于工程被破坏，清理现场需费用2.5万元，应由建设单位支付。

问题：

1. 不可抗力造成损失的承担原则是什么？

2. 如何处理施工单位提出的要求？

✏**学习笔记**

案例七

某工程双代号施工网络计划见图 4-3-1，该进度计划已经监理工程师审核批准，合同工期为 23 个月。

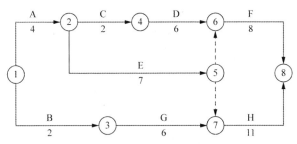

图 4-3-1 双代号施工网络计划

问题：

1. 该施工网络计划的计算工期是多少个月？关键工作有哪些？

2. 计算工作 B、C、G 的总时差。

3. 如果工作 C 和工作 G 需共用一台施工机械且只能按先后顺序施工（工作 C 和工作 G 不能同时施工），该施工网络进度计划应如何调整较合理？

✏️**学习笔记**

案例八

某企业自筹资金新建的工业厂房项目，建设单位采用工程量清单方式招标，并与施工单位按照《建设工程施工合同（示范文本）》签订了工程施工承包合同。

施工前，施工单位编制了工程施工进度计划（见图4-3-2）和相应的设备使用计划，项目监理机构对其审核时得知，该工程的工作B、E、J均需使用一台特种设备吊装施工，施工承包合同约定该台特种设备由建设单位租赁，供施工单位无偿使用。在设备使用计划中，施工单位要求建设单位必须将该台特种设备在第80日末租赁进场，第260日末组织退场。

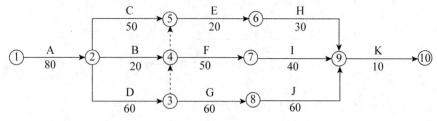

图4-3-2 施工进度计划（单位：天）

问题：

1. 在图4-3-2所示施工进度计划中，受特种设备资源条件的约束，应如何完善进度计划才能反映工作B、E、J的施工顺序？

2. 为节约特种设备租赁费用，该特种设备最迟第几日末必须租赁进场？说明理由。此时，该特种设备在现场的闲置时间为多少天？

✏️**学习笔记**

专题四　综合案例

　　某城市 188m 大跨度预应力拱形钢桁架结构体育场馆，下部钢筋混凝土基础平面布置图及基础详图设计见图 4-4-1、4-4-2。中标该项目的施工企业，考虑为大体积混凝土施工，为加强成本核算和清晰掌握该分部分项工程实际成本，拟采用实物量法计算该分部分项工程费用目标管理控制价。该施工企业内部相关单位工程量人、材、机消耗定额及实际掌握项目所在地除税价格见表 4-4-1 "企业内部单位工程量人、材、机消耗定额"。

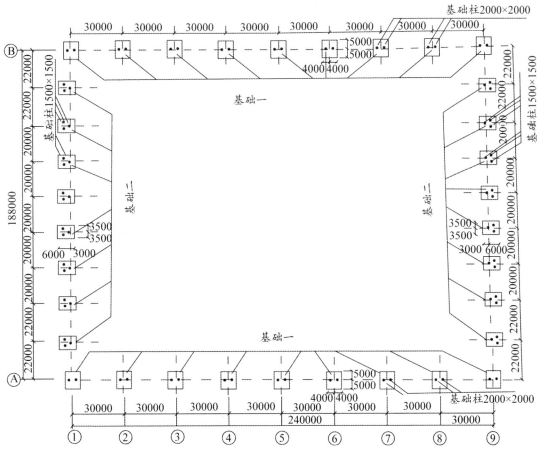

说明：

1.本图为大跨度预应力拱形钢桁架结构下部钢筋混凝土独立基础平面布置图。

2.混凝土强度等级：基础垫层为C15，独立基础及基础矩形柱为C30；钢筋强度级别为HRB400。

3.基础垫层厚100mm，每边宽出基础边线100mm。

图 4-4-1　基础平面布置图

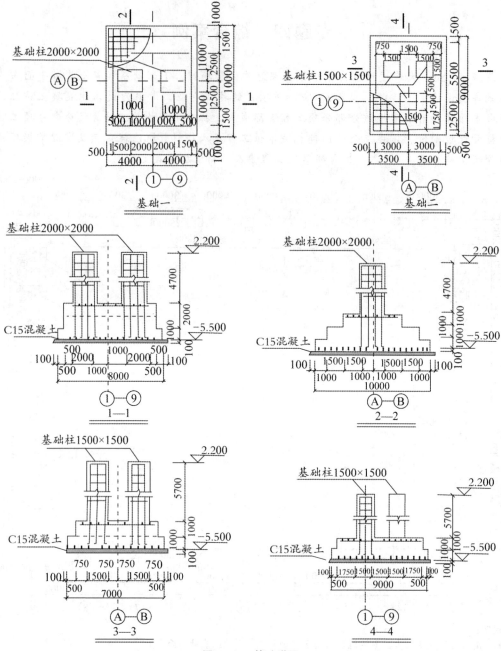

图 4-4-2　基础详图

表 4-4-1 企业内部单位工程量人、材、机消耗定额

项目名称		单位	除税价/元	分部分项工程内容			
				C15 基础垫层/m³	C30 独立基础/m³	C30 矩形柱/m³	钢筋/t
人材机	工日（综合）	工日	110.00	0.40	0.60	0.70	6.00
	C15 商品混凝土	m³	400.00	1.02	—	—	—
	C30 商品混凝土	m³	460.00	—	1.02	1.02	—
	钢筋（综合）	t	3600.00	—	—	—	1.03
	其他辅助材料费	元	—	8.00	12.00	13.00	117.00
	机械使用费（综合）	元	—	1.60	3.90	4.20	115.00

问题：

1. 根据该体育场馆基础设计图纸、技术参数及表 4-4-2 "工程量计算表"中给定的信息，按照《房屋建筑与装饰工程工程量计算规范》（GB 50854—2013）的计算规则，在表 4-4-2 "工程量计算表"中，列式计算该大跨度体育场馆钢筋混凝土基础分部分项工程量。已知：钢筋混凝土独立基础综合钢筋含量为 72.50kg/m³，钢筋混凝土矩形基础柱综合钢筋含量为 118.70kg/m³。

表 4-4-2 工程量计算表

序号	项目名称	单位	计算过程	计算结果
1	C15 混凝土垫层	m³		
2	C30 混凝土独立基础	m³		
3	C30 混凝土矩形基础柱	m³		
4	钢筋（综合）	t		

2. 根据问题 1 的计算结果、参考资料，列式计算该分部分项工程人工、材料、机械使用费消耗量，并在表 4-4-3 "分部分项工程和措施项目人、材、机费计算表"中计算该分部分项工程和措施项目人、材、机费，施工企业结合相关方批准的施工组织设计测算的项目单价措施人、材、机费为 640000 元；施工企业内部规定安全文明措施及其他总价措施费按分部分项工程人、材、机费及单价措施人、材、机费之和的 2.50% 计算。

表 4-4-3 分部分项工程和措施项目人、材、机费计算表

序号	项目名称	单位	消耗量	除税单价/元	除税合价/元
1	人工费（综合）	工日			
2	C15 商品混凝土	m³			
3	C30 商品混凝土	m³			
4	钢筋（综合）	t			
5	其他辅助材料费	元			
6	机械使用费（综合）	元			
7	单价措施人、材、机费	项			
8	安全文明措施及其他总价措施人、材、机费	元			
9	人、材、机费合计	元			

3. 假定该钢筋混凝土基础分部分项工程人、材、机费为 6600000.00 元，其中人工费占 13%；

企业管理费按人、材、机费的6%计算，利润按人、材、机费和企业管理费之和的5%计算，规费按人工费的21%计算，增值税税率按9%计取，在表4-4-4"分部分项工程费用目标管理控制价计算表"中编制该钢筋混凝土基础分部分项工程费用目标管理控制价。

表4-4-4　分部分项工程费用目标管理控制价计算表

序号	费用名称	计费基础	金额/元
1	人、材、机费		
	其中：人工费		
2	企业管理费		
3	利润		
4	规费		
5	增值税		
	费用目标管理控制价合计		

（上述各问题中提及的各项费用均不包含增值税可抵扣进项税额，所有计算结果均保留两位小数）

✏学习笔记

真题汇编

（建议学习时间：**1**周）

学习计划（第8周）：

Day 1

Day 2

Day 3

Day 4

Day 5

Day 6

Day 7

真题汇编

一、单项选择题（共20题，每题1分。每题的备选项中，只有1个最符合题意）

1. 基础埋深是指从室外设计地坪至（　　）的垂直距离。[陕西 2019]

　　A. 基础顶面　　　　　　　　　　　　B. 基础底面

　　C. 地下室地坪　　　　　　　　　　　D. 基底垫层底面

2. 按照结构受力情况，墙体可分为（　　）。[陕西 2020]

　　A. 承重墙和非承重墙　　　　　　　　B. 外墙和内墙

　　C. 实体墙和组合墙　　　　　　　　　D. 块材墙和板筑墙

3. 避免因各段荷载不均匀沉降引起下沉而产生裂缝，将建筑物从基础到顶部分隔成段的竖直缝是（　　）。[浙江 2019]

　　A. 沉降缝　　　　　　　　　　　　　B. 伸缩缝

　　C. 防震缝　　　　　　　　　　　　　D. 施工缝

4. 测定混凝土立方体抗压强度的龄期是（　　）。[陕西 2020]

　　A. 7d　　　　　　　　　　　　　　　B. 14d

　　C. 21d　　　　　　　　　　　　　　D. 28d

5. 下列可用于压实非黏性土的施工方法是（　　）。[湖北 2020]

　　A. 振动压实法　　　　　　　　　　　B. 夯实法

　　C. 碾压法　　　　　　　　　　　　　D. 灌水自然自重压实法

6. 砌筑砖墙时，转角处和交接处应（　　）。[陕西 2020]

　　A. 分段砌筑　　　　　　　　　　　　B. 同时砌筑

　　C. 分层砌筑　　　　　　　　　　　　D. 分别砌筑

7. 拆除现浇混凝土框架结构模板时，应先拆除（　　）。[陕西 2020]

　　A. 楼板底模　　　　　　　　　　　　B. 梁侧模

　　C. 柱模板　　　　　　　　　　　　　D. 梁底模

8. 先张法施工中，混凝土预应力的产生主要依靠（　　）。[陕西 2020]

　　A. 钢筋热胀冷缩

　　B. 张拉钢筋

　　C. 端部锚具

　　D. 混凝土与预应力筋的粘结力

9. 关于屋面卷材防水层铺设方向的说法，正确的是（　　）。[陕西 2020]

　　A. 当屋面坡度小于2%时，卷材宜平行于屋脊铺贴

　　B. 当屋面坡度在3%～15%时，卷材可平行或者垂直于屋脊铺贴

　　C. 当屋面坡度大于15%时，沥青防水卷材可平行或者垂直于屋脊铺贴

　　D. 高聚物改性沥青防水卷材必须垂直于屋脊铺贴

10. 挖掘机的工作装置有正铲、反铲、抓铲和拉铲，下列符合反铲挖掘机挖土特点的是（　　）。[浙江 2020]

　　A. 直上直下、自重切土　　　　　　　B. 后退向下、自重切土

　　C. 向前向上、强制切土　　　　　　　D. 后退向下、强制切土

11. 工作 A 有四项紧后工作 B、C、D、E，其持续时间分别为：3 天、4 天、8 天、8 天，$LF_B=10$、$LF_C=12$、$LF_D=13$、$LF_E=15$，则 LF_A 为（　　）。[陕西 2020]

    A. 8   B. 7

    C. 5   D. 4

12. 现浇板下无主次梁，板直接以柱支撑的结构构件是（　　）。[陕西 2020]

    A. 无梁板   B. 有梁板

    C. 平板   D. 栏板

13. 建筑物内各层平面布置中，直接为生产和生活提供服务的净面积之和是（　　）。[陕西 2020]

    A. 建筑面积   B. 使用面积

    C. 辅助面积   D. 结构面积

14. 有永久性顶盖无围护结构的场馆看台，其建筑面积的计算应取（　　）。[陕西 2020]

    A. 顶盖水平投影面积   B. 顶盖水平投影面积的 1/2

    C. 顶盖斜面积   D. 0

15. 以幕墙作为围护结构的建筑物，应按（　　）计算建筑面积。[浙江 2019]

    A. 建筑物外墙外围水平面积

    B. 幕墙外边线围护面积

    C. 幕墙中心线围护面积

    D. 幕墙内侧围护面积

16. 根据《房屋建筑与装饰工程工程量计算规范》（GB 50854—2013），在土方工程工程量计算中，当底宽为 7m，底长为 21m 时，按（　　）计算。[广东 2020]

    A. 按一般土方   B. 挖基础土方

    C. 挖沟槽土方   D. 挖基坑土方

17. 关于砖砌体项目中基础与墙（柱）身的划分，下列说法错误的是（　　）。[安徽 2019]

    A. 基础与柱身使用同一种材料时，以柱基上表面为界，以下为基础，以上为柱身

    B. 基础与墙身使用不同材料时，位于设计室内地面高度≤±300mm 时，以不同材料为分界线，高度＞±300mm 时，以设计室内地面为分界线

    C. 砖围墙以设计室外地坪为界，以下为基础，以上为墙身

    D. 基础与墙身使用同一种材料时，以设计室内地面为界，以下为基础，以上为墙身

18. 根据《房屋建筑与装饰工程工程量计算规范》（GB 50854—2013），在下列项目中，清单计量单位为 m³ 的项目是（　　）。[广东 2020]

    A. 混凝土后浇带   B. 楼地面变形缝

    C. 木扶手油漆   D. 木窗帘盒

19. 工程量清单计价模式所采用的综合单价不包含的费用是（　　）。[陕西 2020]

    A. 管理费   B. 利润

    C. 措施费   D. 风险费

20. 某工程采用清单计价，招标工程量清单中含有甲、乙两个分项，工程量分别为 4500m³ 和 3200m³。已标价工程量清单中甲项综合单价为 1240 元/m³，乙项综合单价为 985 元/m³。合同约定，分项工程实际工程量比招标工程量清单中的工程量增加 10% 以上时，超出部分的工程量单价调价系数为 0.9，当分项工程实际工程量比招标工程量清单中的工程量减少 10% 以上时，全部工程量的单价调价系数为 1.08。承包商各月实际完成（经业主确认）的工程量见

下表（单位：m³），则6月份承包商完成乙分项工程的工程款中分部分项工程量清单合价是（　　）万元。[江西2020]

分项工程/月份	3	4	5	6
甲	900	1200	1100	850
乙	700	1000	1100	1000

A. 201.14

B. 105.40

C. 95.74

D. 87.3

二、多项选择题（共10题，每题2分，每题的备选项中，有2个或2个以上符合题意，至少有1个错项。错选，本题不得分；少选，所选的每个选项得0.5分）

21. 关于民用建筑的分类，下列说法正确的有（　　）。[安徽2019]

　　A. 住宅建筑10层及以上的为高层建筑

　　B. 2层的体育场馆，高度为25.8m，为高层建筑

　　C. 次要建筑的耐久年限不低于25年

　　D. 临时建筑的耐久年限不低于15年

　　E. 框架结构体系的主要优点是建筑平面布置灵活，可形成较大的建筑空间

22. 下列说法正确的有（　　）。[湖北2020]

　　A. 民用建筑的构造组成包括地基和基础

　　B. 地下室地坪位于常年地下水位以下时，地下室需做防潮处理

　　C. 与外墙内保温相比，外墙外保温有良好的建筑节能效果

　　D. 建筑物的伸缩缝不断开基础，沉降缝断开

　　E. 构造柱和圈梁设置的目的是增加房屋整体刚度，增强抗震能力

23. 影响混凝土强度的主要因素包括（　　）。[湖北2020]

　　A. 水灰比

　　B. 养护温度和湿度

　　C. 龄期

　　D. 水泥强度等级

　　E. 骨料粒径

24. 常用的填土压实方法有（　　）。[陕西2020]

　　A. 堆载法

　　B. 水重法

　　C. 碾压法

　　D. 夯实法

　　E. 振动压实法

25. 分布较为密集的预制桩的打桩顺序，正确的有（　　）。[陕西2020]

　　A. 先深后浅

　　B. 先浅后深

　　C. 先小后大

　　D. 先大后小

　　E. 先长后短

26. 根据《建设工程工程量清单计价规范》（GB 50500—2013），下列属于分部分项工程项目清单五要件的有（　　）。[安徽2019]

　　A. 项目编码

　　B. 项目名称

　　C. 项目特征

　　D. 计量单位

　　E. 工程量计算式

27. 按建筑物自然层计算建筑面积的部位有（　　）。[陕西2020]

　　A. 电梯井

　　B. 门厅

　　C. 大厅

　　D. 提物井

E. 附墙烟囱

28. 根据《国家建筑标准设计图集》（16G101—1），关于混凝土保护层厚度，下列说法正确的有（　　）。[安徽 2019]

A. 现浇混凝土柱中钢筋的保护层厚度指纵向主筋到混凝土外表面的距离

B. 基础底面钢筋的保护层厚度，有混凝土垫层时应从垫层顶面算起，且不应小于 40mm

C. 混凝土保护层厚度与混凝土结构设计使用年限有关

D. 混凝土构件中受力钢筋的保护层厚度不应小于钢筋的公称直径

E. 现浇混凝土柱中钢筋的保护层厚度指箍筋外侧到混凝土外表面的距离

29. 根据《房屋建筑与装饰工程工程量计算规范》（GB 50854—2013），关于混凝土柱的柱高，下列说法正确的有（　　）。[安徽 2019 改编]

A. 有梁板的柱高，应自柱基上表面（或楼板上表面）至上一层楼板的上表面之间的高度计算

B. 无梁板的柱高，应自柱基上表面（或楼板上表面）至柱帽上表面之间的高度计算

C. 框架柱的柱高，应自柱基上表面至柱顶高度计算

D. 砖混结构构造柱按全高计算，嵌接墙体部分（马牙槎）的体积不计入柱身体积内

E. 依附于柱上的牛腿，并入柱身体积内计算

30. 根据《房屋建筑与装饰工程工程量计算规范》（GB 50854—2013），关于工程量清单中的天棚抹灰面积计算的说法，正确的有（　　）。[陕西 2020 改编]

A. 按设计图示尺寸以水平投影面积计算

B. 不扣除间壁墙、柱、垛、附墙烟囱、检查口和管道所占的面积

C. 带梁天棚、梁两侧抹灰面积并入天棚面积内

D. 锯齿形楼梯底面抹灰按斜面积计算

E. 板式楼梯底板抹灰按展开面积计算

三、案例题

（一）【湖北 2021 真题】

依据 16G101 图集，某框架结构中，矩形梁 KL1 的配筋见图 1，其混凝土强度等级为 C30，抗震等级为三级，框架柱截面尺寸均为 400mm×400mm，轴线居中，已知 KL1 的上部通长筋在端支座内的锚固形式均为弯锚，弯锚长度均为 705mm。已知钢筋理论质量为 $0.006165d^2$（kg/m），其中 d 为钢筋直径，单位为 mm。

图 1　矩形梁 KL1 的配筋图

问题：

1. 请分别写出 KL 的截面尺寸、跨数、上部通长筋的钢筋信息及箍筋信息。

2. 根据《房屋建筑与装饰工程工程量计算规范》（GB 50854—2013），完成以下项目工程量的计算。（单位为 t 的计算结果保留三位小数，其余保留两位小数）

（1）计算 KL1 混凝土工程量。

（2）计算该 KL1 上部通长筋的总长度（m）、总重量（t）。（保护层厚 25mm，不考虑钢筋搭接长度）

（二）【陕西 2020 改编】

某招标用工程量清单文件中，砖基础清单分项见表1。

表 1　分部分项工程量清单计价表（节选）

序号	项目编码	项目名称	计量单位	工程数量	全额	
					综合单价	合价
1	010301001001	砖基础 （1）实心标准砖 （2）墙下条形基础、墙厚 240mm （3）预拌 M10 水泥砂浆	m³	50.6		

相关信息：砖基础消耗量定额见表2，价目表见表3。经查询定额单价：标准砖 230.00 元/千块，M10 水泥砂浆 126.93 元/m³。工程使用预拌砂浆时，砌筑部分相应定额子目按每立方米砂浆扣除人工 0.69 工日，砂浆数量不变，机械为 0。一般土建工程的企业管理费费率 5.11%，一般土建工程的利润率 3.11%，该分项工程综合单价不计取风险。经市场询价：标准砖 350.00 元/千块，M10 水泥砂浆 650 元/m³，人工工日单价 120 元/工日。

表 2　某省建设工程消耗量定额（砖基础）

定额编号	定额名称	计量单位	人工/工日	材料			机械
				M10 水泥砂浆	标准砖	水	灰浆搅拌机 200L
3—1	砖基础	10m³	11.790	2.360m³	5.236 千块	2.500m³	0.393 台班

表 3　某省建设工程价目表（砖基础）

定额编号	定额名称	计量单位	基价/元	其中		
				人工费	材料费	机械费
3—1	砖基础	10m³	2036.50	495.18	1513.46	27.86

问题：

1. 根据相关信息，结合相关材料市场价格，计算调整后的砖基础清单分项中的人工费、材料费和机械费基价。

2. 计算砖基础清单分项的综合单价和合价。

✏️学习笔记

参考答案与解析

第一章 专业基础知识

第一节 工业与民用建筑工程的分类、组成及构造

考点 1 工业与民用建筑工程的分类及应用【必会】

一、单项选择题

1. 【答案】D

【解析】工业建筑是供生产使用的建筑物，民用建筑是供人们从事非生产性活动使用的建筑物。民用建筑又分为居住建筑和公共建筑两类，居住建筑包括住宅、公寓、宿舍等，公共建筑是供人们进行各类社会、文化、经济、政治等活动的建筑物，如图书馆、车站、办公楼、电影院、宾馆、医院等。

2. 【答案】C

【解析】建筑物通常按其使用性质分为民用建筑和工业建筑两大类。工业建筑是供生产使用的建筑物，民用建筑是供人们从事非生产性活动使用的建筑物。民用建筑又分为居住建筑和公共建筑两类，居住建筑包括住宅、公寓、宿舍等，公共建筑是供人们进行各类社会、文化、经济、政治等活动的建筑物，如图书馆、车站、办公楼、电影院、宾馆、医院等。

3. 【答案】A

【解析】单层厂房指层数仅为一层的工业厂房，适用于有大型机器设备或重型起重运输设备的厂房。

4. 【答案】B

【解析】排架结构型是将厂房承重柱的柱顶与屋架或屋面梁作铰接连接，而柱下端则嵌固于基础中，构成平面排架，各平面排架再经纵向结构构件连接组成为一个空间结构，它是目前单层厂房中最基本、应用最普遍的结构形式。

5. 【答案】C

【解析】住宅建筑按层数分类：1～3层为低层住宅，4～6层为多层住宅，7～9层（高度不大于27m）为中高层住宅，10层及以上或高度大于27m为高层住宅。

6. 【答案】D

【解析】除住宅建筑之外的民用建筑高度不大于24m者为单层或多层建筑，大于24m者为高层建筑（不包括建筑高度大于24m的单层公共建筑）。

7. 【答案】D

【解析】除住宅建筑之外的民用建筑高度不大于24m者为单层或多层建筑，大于24m者为高层建筑（不包括建筑高度大于24m的单层公共建筑）。

【名师点拨】本题容易错选为选项B。首先，本题考查的是火车站，属于民用建筑分类中的非住宅建筑，非住宅建筑的划分看高度，以24m为界，但要注意高层建筑不包括建筑

高度大于24m的单层公共建筑。

8. 【答案】D

【解析】住宅建筑按层数分类：1~3层为低层住宅，4~6层为多层住宅，7~9层（高度不大于27m）为中高层住宅，10层及以上或高度大于27m为高层住宅。除住宅建筑之外的民用建筑高度不大于24m者为单层或多层建筑，大于24m者为高层建筑（不包括建筑高度大于24m的单层公共建筑）。

9. 【答案】B

【解析】按建筑的耐久年限分：

(1) 一级建筑：耐久年限为100年以上，适用于重要的建筑和高层建筑。

(2) 二级建筑：耐久年限为50~100年，适用于一般性建筑。

(3) 三级建筑：耐久年限为25~50年，适用于次要的建筑。

(4) 四级建筑：耐久年限为15年以下，适用于临时性建筑。

10. 【答案】B

【解析】砖混结构是指建筑物中竖向承重结构的墙、柱等采用砖或砌块砌筑，横向承重的梁、楼板、屋面板等采用钢筋混凝土结构。砖混结构是以小部分钢筋混凝土及大部分砖墙承重的结构。适合开间进深较小、房间面积小、多层或低层的建筑。

11. 【答案】D

【解析】装配式混凝土结构的优点是建筑构件工厂化生产、现场装配，建造速度快，节能、环保，施工受气候条件制约小，节约劳动力。符合绿色节能建筑的发展方向，是我国大力提倡的施工方式。

12. 【答案】D

【解析】剪力墙一般为钢筋混凝土墙，厚度不小于160mm，剪力墙的墙段长度一般不超过8m，适用于小开间的住宅和旅馆等。在180m高的范围内都可以适用。

13. 【答案】C

【解析】在高层建筑中，特别是超高层建筑中，水平荷载越来越大，起着控制作用。筒体结构是抵抗水平荷载最有效的结构体系。

14. 【答案】C

【解析】拱是一种有推力的结构，其主要内力是轴向压力。

15. 【答案】D

【解析】悬索结构是比较理想的大跨度结构形式之一。目前，悬索屋盖结构的跨度已达160m，主要用于体育馆、展览馆中。

16. 【答案】A

【解析】薄壁空间结构，也称壳体结构。薄壳常用于大跨度的屋盖结构，如展览馆、俱乐部、飞机库等。

二、多项选择题

17. 【答案】ACD

【解析】型钢、钢筋、混凝土三者结合使型钢混凝土结构具备了比传统的钢筋混凝土结构承载力大、刚度大、抗震性能好的优点。

18. 【答案】AD

【解析】混合结构房屋一般是指楼盖和屋盖采用钢筋混凝土或钢木结构，而墙和柱采用砌体结构建造的房屋，大多用在住宅、办公楼、教学楼建筑中。混合结构根据承重墙所在的位置，划分为纵墙承重和横墙承重两种方案。纵墙承重方案的特点是楼板支承于梁上，梁把荷载传递给纵墙。横墙的设置主要是为了满足房屋刚度和整体性的要求。其优点是房屋的开间相对大些，使用灵活。横墙承重方案的主要特点是楼板直接支承在横墙上，横墙是主要承重墙。其优点是房屋的横向刚度大，整体性好，但平面使用灵活性差。

19.【答案】ABD

【解析】网架结构改变了平面桁架的受力状态，是高次超静定的空间结构。网架结构可分为平板网架和曲面网架，其中，平板网架采用较多，其优点是：空间受力体系，杆件主要承受轴向力，受力合理，节约材料，整体性能好，刚度大，抗震性能好。杆件类型较少，适于工业化生产。

考点 2　民用建筑构造【必会】

一、单项选择题

20.【答案】A

【解析】建筑物一般由基础、墙或柱、楼板与地面、楼梯、屋顶和门窗六大部分组成。

21.【答案】B

【解析】在设计中，应尽力使基础大放脚与基础材料的刚性角相一致，以确保基础底面不产生拉力，最大限度地节约基础材料。受刚性角限制的基础称为刚性基础，构造上通过限制刚性基础宽高比来满足刚性角的要求。

22.【答案】C

【解析】鉴于刚性基础受其刚性角的限制，要想获得较大的基底宽度，相应的基础埋深也应加大，这显然会增加材料消耗和挖方量，也会影响施工工期。在混凝土基础底部配置受力钢筋，利用钢筋抗拉，这样基础可以承受弯矩，也就不受刚性角的限制，所以钢筋混凝土基础也称为柔性基础。在相同条件下，采用钢筋混凝土基础比混凝土基础可节省大量的混凝土材料和挖土工程量。

23.【答案】D

【解析】如地基基础软弱而荷载又很大，采用十字交叉基础仍不能满足要求或相邻基槽距离很小时，可用钢筋混凝土做成整块的片筏基础。

24.【答案】D

【解析】箱形基础适用于地基软弱土层厚、荷载大和建筑面积不太大的一些重要建筑物，目前高层建筑中多采用箱形基础。

25.【答案】D

【解析】当建筑物荷载较大，地基的软弱土层厚度在 5m 以上，基础不能埋在软弱土层内，或对软弱土层进行人工处理困难和不经济时，常采用桩基础。

26.【答案】D

【解析】基础埋深指的是从室外设计地面至基础底面的垂直距离。

【名师点拨】基础埋深是一个重要概念，而二级造价工程师职业资格考试又比较重视概念的考查，所以大家平时应注意对概念的理解与掌握。关于基础埋深的定义，可以结合下图来进行记忆。

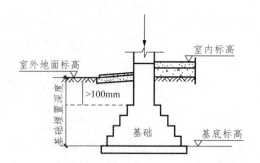

27.【答案】C

【解析】基础是将结构所承受的各种作用传递到地基上的结构组成部分。基础是建筑物的一个组成部分，承受建筑物的全部荷载，并将其传给地基。而地基是指支承基础的土体或岩体，承受由基础传来的建筑物的荷载，地基不是建筑物的组成部分，选项A错误。从室外设计地面至基础底面的垂直距离称为基础的埋深，选项B错误。埋深大于或等于5m或埋深大于或等于基础宽度4倍的基础称为深基础，埋深在0.5~5m之间或埋深小于基础宽度4倍的基础称为浅基础，选项C正确。箱形基础适用于地基软弱土层厚、荷载大和建筑面积不太大的一些重要建筑物，目前高层建筑中多采用箱形基础，选项D错误。

28.【答案】B

【解析】地下室的所有墙体都必须设2道水平防潮层，一道设在地下室地坪附近，另一道设置在室外地面散水以上150~200mm的位置。

29.【答案】C

【解析】按构造方式不同，墙又分为实体墙、空体墙和组合墙三种类型。实体墙是由一种材料构成，如普通砖墙、砌块墙；空体墙也是由一种材料构成，但墙内留有空格，如空斗墙、空气间层墙等；组合墙则是由两种或两种以上材料组合而成的墙。

30.【答案】A

【解析】当室内地面均为实铺时，外墙墙身防潮层在室内地坪以下60mm处。当建筑物墙体两侧地坪不等高时，在每侧地表下60mm处，防潮层应分别设置，并在两个防潮层间的墙上加设垂直防潮层。当室内地面采用架空木地板时，外墙防潮层应设在室外地坪以上，地板木搁栅垫木之下。

31.【答案】D

【解析】当室内地面均为实铺时，外墙墙身防潮层在室内地坪以下60mm处。当建筑物墙体两侧地坪不等高时，在每侧地表下60mm处，防潮层应分别设置，并在两个防潮层间的墙上加设垂直防潮层。年降雨量小于900mm的地区可只设散水。散水宽度一般为600~1000mm。

32.【答案】D

【解析】当圈梁遇到洞口不能封闭时，应在洞口上部设置截面不小于圈梁截面的附加梁，其搭接长度不小于1m，且应大于两梁高差的2倍。附加梁长度至少＝2×（3.5－2.5）＋3＋2×（3.5－2.5）＝7（m）。

33.【答案】D

【解析】伸缩缝又称温度缝，主要作用是防止房屋因气温变化而产生裂缝。

34.【答案】C

【解析】伸缩缝又称温度缝，基础因受温度变化影响较小，不必断开。沉降缝与伸缩缝不同之处是除屋顶、楼板、墙身都要断开外，基础部分也要断开，以使相邻部分也可自由沉降、互不牵制。防震缝一般从基础顶面开始，沿房屋全高设置。

35. 【答案】D

【解析】无梁式楼板的底面平整，增加了室内的净空高度，有利于采光和通风，但楼板厚度较大，这种楼板比较适用于荷载较大、管线较多的商店和仓库等。

36. 【答案】D

【解析】井字形密肋楼板没有主梁，都是次梁（肋），且肋与肋间的距离较小，通常只有1.5～3.0m，肋高也只有180～250mm，肋宽120～200mm。

37. 【答案】C

【解析】当房间的平面形状近似正方形，跨度在10m以内时，常采用井字形密肋楼板。井字形密肋楼板具有天棚整齐美观、有利于提高房屋的净空高度等优点，常用于门厅、会议厅等处。无梁楼板的柱网一般布置成方形或矩形，以方形柱网较为经济，跨度一般不超过6m，板厚通常不小于120mm。

38. 【答案】C

【解析】无梁楼板的柱网一般布置成方形或矩形，以方形柱网较为经济，跨度一般不超过6m，板厚通常不小于120mm。

39. 【答案】B

【解析】悬挑式是将阳台板悬挑出外墙。为使结构合理、安全，阳台悬挑长度不宜过大，而考虑阳台的使用要求，悬挑长度又不宜过小，一般悬挑长度为1.0～1.5m，以1.2m左右最常见。

40. 【答案】C

【解析】挑梁式是从横墙上伸出挑梁，阳台板搁置在挑梁上。挑梁压入墙内的长度一般为悬挑长度的1.5倍左右，为防止挑梁端部外露而影响美观，可增设边梁。

41. 【答案】D

【解析】楼梯一般由梯段、平台、栏杆扶手三部分组成。为了减轻疲劳，梯段的踏步步数一般不宜超过18级，且一般不宜少于3级，以防行走时踩空。当荷载或梯段跨度较大时，采用梁式楼梯比较经济。楼梯梯段净高不宜小于2.20m，楼梯平台过道处的净高不应小于2m。大型构件装配式楼梯是将楼梯段与休息平台一起组成一个构件。

42. 【答案】C

【解析】材料找坡是把屋顶板平置，屋面坡度由铺设在屋面板上的厚度有变化的找坡层形成。平屋顶材料找坡的坡度宜为2%。结构起坡是把顶层墙体或圈梁、大梁等结构构件上表面做成一定坡度，屋面板依势铺设形成坡度，平屋顶结构找坡的坡度宜为3%。

43. 【答案】A

【解析】高层建筑屋面宜采用内排水；多层建筑屋面宜采用有组织外排水；低层建筑及檐高小于10m的屋面，可采用无组织排水。多跨及汇水面积较大的屋面宜采用天沟排水，天沟找坡较长时，宜采用中间内排水和两端外排水。

44. 【答案】A

【解析】根据找平层厚度及技术要求表可知，整体现浇混凝土板上的水泥砂浆找平层厚度为15～20mm。

找平层分类	适用的基层	厚度/mm	技术要求
水泥砂浆	整体现浇混凝土板	15～20	1∶2.5水泥砂浆
	整体材料保温层	20～25	
细石混凝土	装配式混凝土板	30～35	C20混凝土宜加钢筋网片
	板状材料保温板		C20混凝土

45. 【答案】B

【解析】为了防止屋面防水层出现龟裂现象，一是阻断来自室内的水蒸气，构造上常采取在屋面结构层上的找平层表面做隔汽层。二是在屋面防水层下保温层内设排汽通道，并使通道开口露出屋面防水层，使防水层下水蒸气能直接从透气孔排出。

46. 【答案】C

【解析】正置式屋面（传统屋面构造做法），其构造一般为隔热保温层在防水层的下面。因为传统屋面隔热保温层的材料普遍存在吸水率大的通病，吸水后保温隔热性能大大降低，无法满足隔热的要求，要靠防水层做在其上面，防止水分的渗入，保证隔热层的干燥，方能隔热保温。

二、多项选择题

47. 【答案】AC

【解析】在抗震设防地区，设置圈梁是减轻震害的重要构造措施。有抗震设防要求的建筑物中须设钢筋混凝土构造柱。圈梁在水平方向将楼板与墙体箍住，构造柱则从竖向加强墙体的连接，与圈梁一起构成空间骨架，提高了建筑物的整体刚度和墙体的延性，约束墙体裂缝的开展，从而增加建筑物承受地震作用的能力。因此，有抗震设防要求的建筑物中须设钢筋混凝土构造柱。

48. 【答案】ABC

【解析】构造柱一般在墙的某些转角部位（如建筑物四周、纵横墙相交处、楼梯间转角处等）设置，沿整个建筑高度贯通，并与圈梁、地梁现浇成一体。

49. 【答案】ABCD

【解析】外墙的保温构造，按其保温层所在的位置不同分为单一保温外墙、外保温外墙、内保温外墙和夹芯保温外墙四种类型。

50. 【答案】ABDE

【解析】与内保温墙体比较，外保温墙体有下列优点：

（1）外墙外保温系统不会产生热桥，因此具有良好的建筑节能效果，选项A正确。

（2）外保温对提高室内温度的稳定性有利，选项B正确。

（3）外保温墙体能有效地减少温度波动对墙体的破坏，保护建筑物的主体结构，延长建筑物的使用寿命，选项D、E正确。

（4）外保温墙体构造可用于新建的建筑物墙体，也可以用于旧建筑外墙的节能改造。在旧房的节能改造中，外保温结构对居住者影响较小。

（5）外保温有利于加快施工进度，室内装修不致破坏保温层。

51. 【答案】ABC

【解析】外保温对提高室内温度的稳定性有利，选项D错误。在旧房的节能改造中，外保温结构对居住者影响较小，选项E错误。

52. 【答案】ABE

【解析】楼板主要由楼板结构层、楼面面层、板底顶棚三个部分组成。

53.【答案】ABD

【解析】阳台按其与外墙的相对位置分为挑阳台、凹阳台、半凹半挑阳台、转角阳台。阳台按其对外封闭情况分为封闭阳台（设有阳台窗）和开敞式阳台。［部分省份的教材关于阳台分类的规定为：阳台按其与外墙的关系分为挑阳台、凹阳台、半挑半凹阳台；按其在建筑中所处的位置分为中间阳台和转角阳台；按使用功能不同又可分为生活阳台（靠近卧室或客厅）和服务阳台（靠近厨房）。各地考生根据当地相关规定来学习］

54.【答案】ABDE

【解析】坡屋顶的承重结构分为：①砖墙承重，砖墙承重又叫硬山搁檩；②屋架承重；③梁架结构；④钢筋混凝土梁板承重。

考点 3　工业建筑构造

一、单项选择题

55.【答案】B

【解析】纵向连系构件由吊车梁、圈梁、连系梁、基础梁等组成，与横向排架构成骨架，保证厂房的整体性和稳定性。

56.【答案】D

【解析】单层厂房的支撑包括屋架支撑和柱间支撑两大部分，支撑构件设置在屋架之间的称为屋架支撑，设置在纵向柱列之间的称为柱间支撑。柱间支撑的作用是加强厂房纵向刚度和稳定性。

二、多项选择题

57.【答案】DE

【解析】单层厂房的围护结构包括外墙、屋顶、地面、门窗、天窗、地沟、散水、坡道、消防梯、吊车梯等。

58.【答案】ABD

【解析】纵向连系构件由吊车梁、圈梁、连系梁、基础梁等组成，与横向排架构成骨架，保证厂房的整体性和稳定性。

第二节　土建工程常用材料的分类、基本性能及用途

考点 1　建筑结构材料【必会】

一、单项选择题

1.【答案】C

【解析】随着钢筋级别的提高，其屈服强度和极限强度逐渐增加，而其塑性则逐渐下降。

2.【答案】B

【解析】预应力混凝土钢绞线多用于大型屋架、薄腹梁、吊车梁及大跨度桥梁等大负荷的预应力混凝土结构。

3.【答案】B

【解析】冷轧带肋钢筋分为 CRB550、CRB650、CRB800、CRB600H、CRB680H、CRB800H 六个牌号。CRB550、CRB600H 为普通钢筋混凝土用钢筋，CRB650、CRB800、CRB800H 为预应力钢筋混凝土用钢筋，CRB680H 既可作为普通钢筋混凝土用钢

筋，也可作为预应力混凝土用钢筋使用。

4. 【答案】D

【解析】CRB680H 既可作为普通钢筋混凝土用钢筋，也可作为预应力混凝土用钢筋使用。

5. 【答案】D

【解析】根据《冷拔低碳钢丝应用技术规程》规定：冷拔低碳钢丝只有 CDW550 一个牌号。冷拔低碳钢丝宜作为构造钢筋使用，作为结构构件中纵向受力钢筋使用时应采用钢丝焊接网。冷拔低碳钢丝不得作预应力钢筋使用。《钢结构工程施工质量验收标准》（GB 50205—2020）规定，冷拔低碳钢丝分为两级，甲级用于预应力混凝土结构构件中，乙级用于非预应力混凝土结构构件。各地考生根据当地相关规定来学习。

6. 【答案】C

【解析】抗拉性能是钢材的最主要性能，表征其性能的技术指标主要是屈服强度、抗拉强度和伸长率。

7. 【答案】B

【解析】冲击韧性指钢材抵抗冲击载荷的能力。

8. 【答案】B

【解析】钢筋抗拉性能的技术指标主要是屈服强度、抗拉强度和伸长率。

9. 【答案】D

【解析】伸长率表征了钢材的塑性变形能力。

10. 【答案】A

【解析】设计中抗拉强度虽然不能利用，但屈强比能反映钢材的利用率和结构安全可靠程度。屈强比越小，反映钢材受力超过屈服点工作时的可靠性越大，因而结构的安全性越高。但屈强比太小，则反映钢材不能有效地被利用。

11. 【答案】B

【解析】根据《通用硅酸盐水泥》（GB 175—2007）规定，硅酸盐水泥初凝时间不得早于 45min，终凝时间不得迟于 6.5h。普通硅酸盐水泥初凝时间不得早于 45min，终凝时间不得迟于 10h。

【名师点拨】注意水泥的初凝时间和终凝时间不是连续的。关于水泥初凝时间和终凝时间的定义及时间规定可结合以下数轴进行理解。

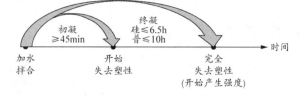

12. 【答案】C

【解析】终凝时间是从水泥加水拌合起至水泥浆完全失去可塑性并开始产生强度所需的时间，选项 A 错误。六大常用水泥的初凝时间均不得短于 45min，选项 B 错误。水泥强度是指胶砂的强度而不是净浆的强度，其是评定水泥强度等级的依据，选项 D 错误。

13. 【答案】A

【解析】普通硅酸盐水泥早期强度高、凝结硬化快，水化热较大，耐冻性好。适用于制造地上、地下及水中的混凝土、钢筋混凝土及预应力钢筋混凝土结构，包括受反复冰冻的结构；也可配制高强度等级混凝土及早期强度要求高的工程。

14. **【答案】** C

【解析】 矿渣硅酸盐水泥适用于高温车间和有耐热、耐火要求的混凝土结构。

15. **【答案】** D

【解析】 铝酸盐水泥用于工期紧急的工程，如国防、道路和特殊抢修工程等；也可用于抗硫酸盐腐蚀的工程和冬季施工的工程。铝酸盐水泥不宜用于大体积混凝土工程；不能用于与碱溶液接触的工程；不得与未硬化的硅酸盐水泥混凝土接触使用，更不得与硅酸盐水泥或石灰混合使用；不能蒸汽养护，不宜在高温季节施工。

16. **【答案】** D

【解析】 水泥强度等级的选择，应与混凝土的设计强度等级相适应。对于一般强度的混凝土，水泥强度等级宜为混凝土强度等级的1.5～2.0倍，对于较高强度等级的混凝土，水泥强度宜为混凝土强度等级的0.9～1.5倍。

17. **【答案】** D

【解析】 在砂用量相同的情况下，若砂子过粗，则拌制的混凝土黏聚性较差，容易产生离析、泌水现象；若砂子过细，砂子的总表面积增大，虽然拌制的混凝土黏聚性较好，不易产生离析、泌水现象，但水泥用量增大。所以，用于拌制混凝土的砂，不宜过粗，也不宜过细。

18. **【答案】** D

【解析】 粗骨料的最大粒径不得超过结构截面最小尺寸的1/4，且不超过钢筋间最小净距的3/4。对于混凝土实心板，粗骨料最大粒径不宜超过板厚的1/3，且不得超过40mm。

19. **【答案】** A

【解析】 混凝土减水剂是指在保持混凝土坍落度基本相同的条件下，具有减水增强作用的外加剂。

20. **【答案】** C

【解析】 立方体抗压强度是按照标准的制作方法制成边长为150mm的立方体试件，在标准养护条件〔温度（20±2）℃，相对湿度95%以上或在氢氧化钙饱和溶液中〕下养护到28d，按照标准的测定方法测定其抗压强度值称为混凝土立方体试件抗压强度，简称立方体抗压强度。

21. **【答案】** B

【解析】 防水混凝土又叫抗渗混凝土，防水混凝土的抗渗性能不得小于P6。

22. **【答案】** A

【解析】 烧结空心砖是以黏土、页岩、煤矸石或粉煤灰为主要原料烧制的主要用于非承重部位的空心砖。其顶面有孔、孔大而少，孔洞为矩形条孔或其他孔形，孔洞率大于40%。由于其孔洞平行于大面和条面，垂直于顶面，使用时大面承压，承压面与孔洞平行，所以这种砖强度不高，而且自重较轻，多用于非承重墙。

23. **【答案】** A

【解析】 石灰膏在水泥石灰混合砂浆中起增加砂浆和易性的作用。除石灰膏外，在水泥石灰混合砂浆中适当掺电石膏和粉煤灰也能增加砂浆的和易性。

二、多项选择题

24. **【答案】** DE

【解析】 钢材的主要性能包括力学性能和工艺性能。其中，力学性能是钢材最重要的使用性能，包括抗拉性能、冲击性能、硬度、疲劳性能等；工艺性能表示钢材在各种加工过程中的行为，包括弯曲性能和焊接性能等。

25. 【答案】CD

【解析】冷轧带肋钢筋分为 CRB550、CRB650、CRB800、CRB600H、CRB680H、CRB800H 六个牌号。CRB550、CRB600H 为普通钢筋混凝土用钢筋，CRB650、CRB800、CRB800H 为预应力混凝土用钢筋，CRB680H 既可作为普通钢筋混凝土用钢筋，也可作为预应力混凝土用钢筋使用。

26. 【答案】AE

【解析】初凝时间不合要求，该水泥报废；终凝时间不合要求，视为不合格。安定性不合格的水泥不得用于工程，应废弃。

27. 【答案】BC

【解析】普通硅酸盐水泥早期强度高、凝结硬化快，水化热较大，耐冻性好，耐热性较差，耐腐蚀及耐水性较差。

28. 【答案】BC

【解析】引气剂是在混凝土搅拌过程中，能引入大量分布均匀的稳定而密封的微小气泡，以减少拌合物泌水离析、改善和易性，同时显著提高硬化混凝土抗冻融耐久性的外加剂。

29. 【答案】AE

【解析】影响混凝土强度的因素有：水灰比和水泥强度等级、养护的温度和湿度、龄期。

30. 【答案】ACD

【解析】混凝土的和易性指混凝土拌合物在一定的施工条件下，便于各种施工工序的操作，以保证获得均匀密实的混凝土的性能。和易性是一项综合技术指标，包括流动性、黏聚性、保水性三个主要方面。

31. 【答案】CDE

【解析】混凝土耐久性是指混凝土在实际使用条件下抵抗各种破坏因素作用，长期保持强度和外观完整性的能力。包括混凝土的抗冻性、抗渗性、抗蚀性及抗碳化能力等。

32. 【答案】ABD

【解析】高性能混凝土的自密实性好、体积稳定性好、强度高、水化热低、收缩量小、徐变少、耐久性好、耐高温（火）差。

33. 【答案】ABD

【解析】实现混凝土自防水的技术途径有以下几个方面：

（1）提高混凝土的密实度：①调整混凝土的配合比提高密实度，减小水灰比，降低孔隙率，减少渗水通道。适当提高水泥用量、砂率和灰砂比。②掺入化学外加剂提高密实度，在混凝土中掺入适量减水剂、三乙醇胺早强剂或氯化铁防水剂均可提高密实度，增加抗渗性。③使用膨胀水泥（或掺用膨胀剂）提高混凝土密实度。

（2）改善混凝土内部孔隙结构，在混凝土中掺入适量引气剂或引气减水剂。

考点 2　建筑装饰材料【重要】

一、单项选择题

34. 【答案】D

【解析】花岗石板材质地坚硬密实，抗压强度高，具有优异的耐磨性及良好的化学稳定性，不易风化变质，耐久性好。但是，花岗岩石中含有石英，在高温下会发生晶型转变，产生体积膨胀，因此花岗石耐火性差。

35.【答案】D

【解析】大理石板因其抗风化性能较差，故除个别品种（含石英为主的砂岩及石曲岩）外一般不宜用作室外装饰。

36.【答案】B

【解析】中空玻璃主要用于保温隔热、隔声等功能要求较高的建筑物，如宾馆、住宅、医院、商场、写字楼等，也广泛用于车船等交通工具。

37.【答案】A

【解析】单面镀膜玻璃在安装时，应将膜层面向室内，以提高膜层的使用寿命和取得节能的最大效果。

38.【答案】D

【解析】辅助成膜物质不能构成涂膜，但可用以改善涂膜的性能或影响成膜过程，常用的有助剂和溶剂。助剂包括催干剂（铝、锰氧化物及其盐类）、增塑剂等；溶剂则起溶解成膜物质、降低黏度、利于施工的作用，常用的溶剂有苯、丙酮、汽油等。

39.【答案】A

【解析】内墙涂料要求色彩丰富、细腻、调和，选项 B 错误。地面涂料要求抗冲击性良好，选项 C 错误。外墙涂料要求耐候性良好，选项 D 错误。

40.【答案】A

【解析】苯乙烯-丙烯酸酯乳液涂料、合成树脂乳液砂壁状涂料属于外墙涂料。聚氨酯漆属于地面涂料。

二、多项选择题

41.【答案】ACE

【解析】安全玻璃包括防火玻璃、钢化玻璃、夹丝玻璃和夹层玻璃。

42.【答案】ABC

【解析】硬聚氯乙烯（PVC-U）管，主要应用于给水管道（非饮用水）、排水管道、雨水管道。氯化聚氯乙烯（PVC-C）管，因其使用的胶水有毒性，一般不用于饮用水管道系统。

考点 **3** 建筑功能材料【重要】

一、单项选择题

43.【答案】A

【解析】SBS 改性沥青防水卷材属于弹性体沥青防水卷材中的一种，该类防水卷材广泛适用于各类建筑防水、防潮工程，尤其适用于寒冷地区和结构变形频繁的建筑物防水，并可采用热熔法施工。

44.【答案】C

【解析】由于石棉中的粉尘对人体有害，民用建筑很少使用，目前主要用于工业建筑的隔热、保温及防火覆盖等。

45.【答案】A

【解析】膨胀蛭石作为绝热、隔声材料，其吸水性大、电绝缘性不好。使用时应注意防潮，以免吸水后影响绝热效果。膨胀蛭石可松散铺设，也可与水泥、水玻璃等胶凝材料配合，浇注成板，用于墙、楼板和屋面板等构件的绝热。

46.【答案】A

【解析】帘幕吸声结构对中、高频都有一定的吸声效果。帘幕吸声体安装拆卸方便，兼具装饰作用。

47.【答案】C

【解析】厚质型（H）防火涂料一般为非膨胀型的，厚度大于7mm且小于或等于45mm，耐火极限根据涂层厚度有较大差别；薄型（B）和超薄（CB）型防火涂料通常为膨胀型的，前者的厚度大于3mm且小于或等于7mm，后者的厚度为小于或等于3mm。薄型和超薄型防火涂料的耐火极限一般与涂层厚度无关，而与膨胀后的发泡层厚度有关。

48.【答案】C

【解析】薄型和超薄型防火涂料的耐火极限一般与涂层厚度无关，而与膨胀后的发泡层厚度有关。

二、多项选择题

49.【答案】BCE

【解析】钢结构防火涂料根据其使用场合可分为室内用防火涂料和室外用防火涂料两类，根据其涂层厚度和耐火极限又可分为厚质型防火涂料、薄型防火涂料和超薄型防火涂料三类。

第三节　土建工程主要施工工艺与方法

考点 1　土石方工程施工技术【必会】

一、单项选择题

1.【答案】C

【解析】开挖深度在5m以内的称为浅基坑（槽），挖深超过5m（含5m）的称为深基坑（槽）。

2.【答案】A

【解析】湿度小的黏性土挖土深度小于3m时，可用间断式水平挡土板支撑；对松散、湿度大的土用连续式水平挡土板支撑，挖土深度可达5m。对松散和湿度很高的土可用垂直挡土板式支撑，其挖土深度不限。

3.【答案】B

【解析】集水坑应设置在基础范围以外，地下水走向的上游。根据地下水量大小、基坑平面形状及水泵能力，集水坑每隔20～40m设置一个。

4.【答案】B

【解析】明排法集水坑应设置在基础范围以外、地下水走向的上游。

【名师点拨】降水过程中，集水坑、井点管等和降水有关的均放在地下水走向上游。在降水部分，只有一处是在下游，即轻型井点采用U形布置时开口应设在地下水的下游方向。

5.【答案】C

【解析】在饱和黏土中，特别是淤泥和淤泥质黏土中，由于土的透水性较差，持水性较强，用一般喷射井点和轻型井点降水效果较差，此时宜增加电渗井点来配合轻型或喷射井点降水，以便对透水性较差的土起疏干作用，使水排出。

6. 【答案】D

【解析】管井井点就是沿基坑每隔一定距离设置一个管井，每个管井单独用一台水泵不断抽水来降低地下水位。在土的渗透系数大、地下水量大的土层中，宜采用管井井点。

7. 【答案】B

【解析】填方宜采用同类土填筑，如采用不同透水性的土分层填筑时，下层宜填筑透水性较大、上层宜填筑透水性较小的填料，或将透水性较小的土层表面做成适当坡度，以免形成水囊。碎石类土、砂土、爆破石渣及含水量符合压实要求的黏性土可作为填方土料。淤泥、冻土、膨胀性土、有机物含量大于8%的土（最新规定为大于5%，具体根据当地教材规定来学习），以及硫酸盐含量大于5%的土均不能做填土。含水量大的黏土不宜做填土。

8. 【答案】C

【解析】振动压实法是将振动压实机放在土层表面，借助振动机构使压实机振动，土颗粒发生相对位移而达到紧密状态。振动碾是一种振动和碾压同时作用的高效能压实机械，比一般平碾提高功效1~2倍，可节省动力30%。这种方法对于振实填料为爆破石渣、碎石类土、杂填土和粉土等非黏性土效果较好。

9. 【答案】C

【解析】振动碾对于振实填料为爆破石渣、碎石类土、杂填土和份土等非黏性土效果较好。

二、多项选择题

10. 【答案】ABC

【解析】挡墙系统常用的材料有槽钢、钢板桩、钢筋混凝土板桩、灌注桩及地下连续墙等。支撑系统一般采用大型钢管、H型钢或格构式钢支撑，也可采用现浇钢筋混凝土支撑。

11. 【答案】CE

【解析】明排水法由于设备简单和排水方便，采用较为普遍，宜用于粗粒土层，也用于渗水量小的黏土层。

12. 【答案】AD

【解析】轻型井点可采用单排布置、双排布置以及环形布置；当土方施工机械需进出基坑时，也可采用U形布置。单排布置适用于基坑、槽宽度小于6m，且降水深度不超过5m的情况，井点管应布置在地下水的上游一侧，两端延伸长度不宜小于坑、槽的宽度。双排布置适用于基坑宽度大于6m或土质不良的情况。环形布置适用于大面积基坑。如采用U形布置，则井点管不封闭的一段应设在地下水的下游方向。

考点 2 **地基与基础工程施工技术**【重要】

一、单项选择题

13. 【答案】D

【解析】重锤夯实法适用于地下水距地面0.8m以上稍湿的黏土、砂土、湿陷性黄土、杂填土和分层填土，但在有效夯实深度内存在软黏土层时不宜采用。

14. 【答案】C

【解析】重锤夯实法的夯锤为2~3t，强夯法的夯锤一般为8~30t。

15. 【答案】D

【解析】强夯法不得用于不允许对工程周围建筑物和设备有一定振动影响的地基加固，选项 A 错误。强夯法适用于加固碎石土、砂土、低饱和度粉土、黏性土、湿陷性黄土、高填土、杂填土以及"围海造地"地基、工业废渣、垃圾地基等的处理；也可用于防止粉土及粉砂的液化，消除或降低大孔土的湿陷性等级，选项 B 错误。强夯处理范围应大于建筑物基础范围，选项 C 错误。对于高饱和度淤泥、软黏土、泥炭、沼泽土，如采取一定技术措施也可采用，还可用于水下夯实，选项 D 正确。

16. 【答案】B

【解析】根据桩在土中受力情况的不同，可以分为端承桩和摩擦桩。端承桩是穿过软弱土层而达到硬土层或岩层的一种桩，上部结构荷载主要依靠桩墙反力支撑；摩擦桩是完全设置在软弱土层一定深度的一种桩，上部结构荷载主要由桩侧的摩阻力承担，而桩端反力承担的荷载只占很小的部分。

17. 【答案】A

【解析】现场预制桩多用重叠法预制，重叠层数不宜超过 4 层，层与层之间应涂刷隔离剂，上层桩或邻近桩的灌注，应在下层桩或邻近桩混凝土达到设计强度等级的 30% 以后方可进行。

18. 【答案】D

【解析】长度在 10m 以下的短桩，一般多在工厂预制。制作预制桩有并列法、间隔法、重叠法、翻模法等。现场预制桩多用重叠法预制，重叠层数不宜超过 4 层。上层桩或邻近桩的灌注，应在下层桩或邻近桩混凝土达到设计强度等级的 30% 以后方可进行。混凝土达到设计强度的 70% 后方可起吊，达到 100% 方可运输和打桩。

19. 【答案】B

【解析】锤击沉桩法宜采用"重锤低击"。一般当基坑不大时，打桩应从中间开始分头向两边或四周进行。当基坑较大时，应将基坑分为数段，而后在各段范围内分别进行。打桩应避免自外向内，或从周边向中间进行。当桩基的设计标高不同时，打桩顺序易先深后浅；当桩的规格不同时，打桩顺序宜先大后小、先长后短。

20. 【答案】B

【解析】静力压桩施工时无冲击力，噪声和振动较小，桩顶不易损坏，且无污染，对周围环境的干扰小，适用于软土地区、城市中心或建筑物密集处的桩基础工程，以及精密工厂的扩建工程。

21. 【答案】A

【解析】静力压桩由于受设备行程的限制，在一般情况下是分段预制、分段压入、逐段压入、逐段接长，其施工工艺顺序为：测量定位→压桩机就位→吊桩、插桩→桩身对中调制→静压沉桩→接桩（下段桩上端距地面 0.5～1m 时接上段桩）→再静压沉桩→送桩→终止压桩→切割桩头。

22. 【答案】C

【解析】灌注桩的桩顶标高至少要比设计标高高出 0.8～1.0m。

23. 【答案】B

【解析】反循环钻孔灌注桩适用于黏性土、砂土、细粒碎石土及强风化、中等-微风化岩石，可用于桩径小于 2.0m、孔深一般小于或等于 60m 的场地。

二、多项选择题

24.【答案】AE

【解析】土桩和灰土桩挤密地基是由桩间挤密土和填夯的桩体组成的人工"复合地基"，适用于处理地下水位以上，深度5～15m的湿陷性黄土或人工填土地基。土桩主要适用于消除湿陷性黄土地基的湿陷性，灰土桩主要适用于提高人工填土地基的承载力。地下水位以下或含水量超过25%的土，不宜采用。

25.【答案】ABE

【解析】钢管桩的优点有：重量轻、刚性好，承载力高，桩长易于调节，排土量小，对邻近建筑物影响小，接头连接简单，工程质量可靠，施工速度快。钢管桩的缺点有：钢材用量大，工程造价较高，打桩机具设备较复杂，振动和噪声较大；桩材保护不善、易腐蚀等。

考点 3　主体结构施工技术【重要】

一、单项选择题

26.【答案】A

【解析】现场拌制的砂浆应随拌随用，拌制的砂浆应在3h内使用完毕；当施工期间最高气温超过30℃时，应在2h内使用完毕。

27.【答案】D

【解析】砌体水平灰缝和竖向灰缝的砂浆饱满度，按净面积计算不得低于90%。

28.【答案】A

【解析】构造柱按先砌墙后浇灌混凝土柱的施工顺序制成。墙体应砌成马牙槎。马牙槎凹凸尺寸不宜小于60mm，高度不应超过300mm，马牙槎应先退后进，对称砌筑。

29.【答案】B

【解析】构造柱与墙体的连接，墙体应砌成马牙槎，马牙槎凹凸尺寸不宜小于60mm，高度不应超过300mm。

30.【答案】B

【解析】填充墙与承重主体结构间的空（缝）隙部位施工，应在填充墙砌筑14d后进行。

31.【答案】C

【解析】当采用冷拉方法调直时，HPB300光圆钢筋的冷拉率不宜大于4%。HRB335、HRB400、HRB500、HRBF335、HRBF400、HRBF500及RRB400带肋钢筋的冷拉率不宜大于1%。

32.【答案】C

【解析】设计要求钢筋末端做135°弯钩时，HRB335级、HRB400级钢筋的弯弧内直径不应小于4倍钢筋直径，弯钩后的平直长度应符合设计要求。

33.【答案】D

【解析】钢筋的连接方法有焊接连接、绑扎搭接连接和机械连接。机械连接包括套筒挤压连接和螺纹套管连接。焊接连接包括：闪光对焊、电弧焊、电阻点焊、电渣压力焊、气压焊。直接承受动力荷载的结构构件中，纵向钢筋不宜采用焊接接头。

34.【答案】B

【解析】同一构件中相邻纵向受力钢筋的绑扎搭接接头宜相互错开。绑扎搭接接头中钢筋的横向净距不应小于钢筋直径，且不应小于25mm。

35.【答案】D

【解析】钢筋螺纹套筒连接施工速度快，不受气候影响，自锁性能好，对中性好，能承受拉、压轴向力和水平力，可在施工现场连接同径或异径的竖向、水平或任何倾角的钢筋，已在我国广泛应用。

36.【答案】C

【解析】组合模板是一种工具式模板，是工程施工中用得最多的一种模板，有组合钢模板、钢框竹（木）胶合板模板等。

37.【答案】B

【解析】对跨度不小于4m的钢筋混凝土梁、板，其模板应按设计要求起拱；当设计无具体要求时，起拱高度宜为跨度的1/1000～3/1000。

38.【答案】C

【解析】底模及其支架拆除时的混凝土强度应符合设计要求。当设计无具体要求时，混凝土强度应符合下表相应规范的规定。

构件类型	构件跨度/m	达到设计的混凝土立方体抗压强度标准值的百分率/%
板	≤2	≥50
	>2，≤8	≥75
	>8	≥100
梁、拱、壳	≤8	≥75
	>8	≥100
悬臂构件	—	≥100

39.【答案】B

【解析】模板的拆除顺序一般是先拆非承重模板，后拆承重模板；先拆侧模板，后拆底模板。框架结构模板的拆除顺序一般是柱、楼板、梁侧模、梁底模。拆除大型结构的模板时，必须事先制订详细方案。

40.【答案】A

【解析】在浇筑竖向结构混凝土前，应先在底部填以不大于30mm厚与混凝土内砂浆成分相同的水泥砂浆；浇筑过程中混凝土不得发生离析现象。

41.【答案】A

【解析】柱、墙模板内的混凝土浇筑时，当无可靠措施保证混凝土不产生离析，其自由倾落高度应符合如下规定，当不能满足时，应加设串筒、溜管、溜槽等装置。

（1）粗骨料料径>25mm时，≤3m。

（2）粗骨料料径≤25mm时，≤6m。

42.【答案】D

【解析】混凝土输送宜采用泵送方式。混凝土粗骨料最大粒径不大于25mm时，可采用内径不小于125mm的输送泵管；混凝土粗骨料最大粒径不大于40mm时，可采用内径不小于150mm的输送泵管。梁和板宜同时浇筑混凝土，有主、次梁的楼板宜顺着次梁方向浇筑，单向板宜沿着板的长边方向浇筑；拱和高度大于1m时的梁等结构，可单独浇筑混凝土。

43.【答案】B

【解析】混凝土的自然养护应在浇筑完毕后的 12h 以内对混凝土加以覆盖并保湿养护；干硬性混凝土应于浇筑完毕后立即进行养护。

44.【答案】D

【解析】混凝土冬期施工措施：①宜采用硅酸盐水泥或普通硅酸盐水泥；采用蒸汽养护时，宜采用矿渣硅酸盐水泥。②降低水灰比，减少用水量，使用低流动性或干硬性混凝土。③浇筑前将混凝土或其组成材料加温，提高混凝土的入模温度。④搅拌时，加入一定的外加剂，加速混凝土硬化、尽快达到临界强度，或降低水的冰点，使混凝土在负温下不致冻结。采用非加热养护方法时，混凝土中宜掺入引气剂、引气型减水剂或含有引气组分的外加剂，混凝土含气量宜控制在 3.0%～5.0%。

45.【答案】C

【解析】装配整体式结构中，预制构件的混凝土强度等级不宜低于 C30；预应力混凝土预制构件的混凝土强度等级不宜低于 C40，且不应低于 C30；现浇混凝土的强度等级不应低于 C25。

46.【答案】A

【解析】预制构件吊装就位后，应及时校准并采取临时固定措施，每个预制构件的临时支撑不宜少于 2 道。

47.【答案】B

【解析】先张法多用于预制构件厂生产定型的中小型构件，也常用于生产预应力桥跨结构等。后张法宜用于现场生产大型预应力构件、特种结构和构筑物，可作为一种预应力预制构件的拼装手段。

48.【答案】C

【解析】先张拉预应力钢筋再支侧模，选项 A 错误。拆模后放松预应力钢筋，选项 B、D 错误。

49.【答案】A

【解析】预应力筋放张时，混凝土强度不应低于设计的混凝土立方体抗压强度标准值的 75%。先张法预应力筋放张时不应低于 30MPa。

50.【答案】B

【解析】后张法预应力的传递主要靠预应力筋两端的锚具。锚具作为预应力构件的一个组成部分，永远留在构件上，不能重复使用，选项 A 错误。后张法宜用于现场生产大型预应力构件、特种结构和构筑物，可作为一种预应力预制构件的拼装手段，选项 C 错误。张拉预应力筋时，构件混凝土的强度不低于设计的混凝土立方体抗压强度标准值的 75%，选项 D 错误。

51.【答案】B

【解析】钢屋架侧向刚度较差，安装前需进行吊装稳定性验算，稳定性不足时应进行吊装临时加固，通常可在钢屋架上下弦处绑扎杉木杆加固。

52.【答案】B

【解析】构件立拼法主要适用于跨度较大、侧向刚度较差的钢结构。平装法适用于拼装跨度较小、构件相对刚度较大的钢结构。用模具来拼装组焊钢结构，具有产品质量好、生产效率高等许多优点。

53.【答案】D

【解析】起重机高度 $H \geqslant h_1 + h_2 + h_3 + h_4 = 15 + 0.3 + 0.8 + 3 = 19.1$（m）。

二、多项选择题

54.【答案】 ABC

【解析】 门窗洞口两侧石砌体 300mm，其他砌体 200mm 范围内；转角处石砌体 600mm，其他砌体 450mm 范围内，不得设置脚手眼，选项 A、B 正确。宽度小于 1m 的窗间墙，不得设置脚手眼，选项 C 正确。过梁上与过梁成 60° 角的三角形范围及过梁净跨度 1/2 的高度范围内，不得设置脚手眼，过梁上一皮砖处在这个范围内，选项 D 错误。梁或梁垫下及其左右 500mm 范围内，不得设置脚手眼，选项 E 错误。

55.【答案】 BCD

【解析】 大模板是目前我国剪力墙和筒体体系的高层建筑施工用得较多的一种模板。滑升模板适用于现场浇筑高耸的构筑物和高层建筑物等，如烟囱、筒仓、电视塔、竖井、沉井、双曲线冷却塔和剪力墙体系及筒体体系的高层建筑等。爬升模板是施工剪力墙体系和筒体体系的钢筋混凝土结构高层建筑的一种有效的模板体系。

56.【答案】 ABC

【解析】 大体积混凝土结构的浇筑方案，一般分为全面分层、分段分层和斜面分层三种。

57.【答案】 ABCE

【解析】 用于振动捣实混凝土拌合物的振动器按其工作方式可分为内部振动器、外部振动器、表面振动器和振动台四种。内部振动器又称插入式振动器，外部振动器又称附着式振动器，表面振动器又称平板振动器。注意选项 D 应该是"平板振动器"，容易误选。

58.【答案】 DE

【解析】 高温施工宜采用低水泥用量的原则，并可采用粉煤灰取代部分水泥，宜选用水化热较低的水泥。混凝土坍落度不宜小于 70mm。混凝土宜采用白色涂装的混凝土搅拌运输车运输，对混凝土输送管应进行遮阳覆盖，并应洒水降温。混凝土浇筑入模温度不应高于 35℃。

考点 4　防水和保温工程施工技术【重要】

一、单项选择题

59.【答案】 C

【解析】 叠层铺贴的各层卷材，在天沟与屋面的交接处，应采用叉接法搭接，搭接缝应错开；搭接缝宜留在屋面与天沟侧面，不宜留在沟底。

60.【答案】 C

【解析】 涂料的涂布应按照"先高跨后低跨、先远后近、先檐口后屋脊"顺序进行。同一屋面上先涂布排水较集中的水落口、天沟、檐口等节点部位，再进行大面积涂布。

61.【答案】 B

【解析】 防水混凝土采用预拌混凝土时，入泵坍落度宜控制在 120～140mm，坍落度每小时损失不应大于 20mm，总损失值不应大于 40mm。防水混凝土浇筑时的自落高度不得大于 1.5m。应采用机械振捣并保证振捣密实。防水混凝土应自然养护，养护时间不少于 14d。

62.【答案】 D

【解析】 墙体水平施工缝不应留在剪力与弯矩最大处或底板与侧墙的交接处，应留在高出底板表面不小于 300mm 的墙体上。拱（板）墙结合的水平施工缝，宜留在拱（板）

墙接缝线以下 150～300mm 处。墙体有预留孔洞时，施工缝距孔洞边缘不应小于 300mm。

63. 【答案】B

【解析】泡沫混凝土应分层浇筑，一次浇筑厚度不宜超过 200mm，终凝后应进行保湿养护，养护时间不得少于 7d。

二、多项选择题

64. 【答案】ABCE

【解析】卷材防水层施工时，应先进行细部构造处理，然后由屋面最低标高向上铺贴。平行屋脊的搭接缝应顺流水方向。立面或大坡面铺贴卷材时，应采用满粘法，并宜减少卷材短边搭接。卷材宜平行屋脊铺贴，上下层卷材不得相互垂直铺贴。上下层卷材长边搭接缝应错开，且不应小于幅宽的 1/3。

65. 【答案】ABDE

【解析】当卷材防水层上有重物覆盖或基层变形较大时，应优先采用空铺法、点粘法、条粘法或机械固定法，但距屋面周边 800mm 内以及叠层铺贴的各层之间应满粘。

66. 【答案】BDE

【解析】保持施工环境干燥，避免带水施工。墙体水平施工缝不应留在剪力与弯矩最大处或底板与侧墙的交接处，应留在高出底板表面不小于 300mm 的墙体上。拱（板）墙结合的水平施工缝，宜留在拱（板）墙接缝线以下 150～300mm 处。施工缝距孔洞边缘不应小于 300mm。垂直施工缝应避开地下水和裂隙水较多的地段，并宜与变形缝相结合。

67. 【答案】BDE

【解析】外贴法是指在地下建筑墙体做好后，直接将卷材防水层铺贴在墙上，然后砌筑保护墙。外贴法的优点是构筑物与保护墙有不均匀沉降时，对防水层影响较小；防水层做好后即可进行漏水试验，修补方便。缺点是工期较长，占地面积较大，底板与墙身接头处卷材易受损。

考点 5　装饰装修工程施工技术

一、单项选择题

68. 【答案】B

【解析】底层主要起到与基层粘结的作用，要求砂浆有较好的保水性。

二、多项选择题

69. 【答案】BDE

【解析】当抹灰总厚度超出 35mm 时，应采取加强措施，选项 A 错误。强度较低或较薄的石材应在背面粘贴玻璃纤维网布，选项 C 错误。

第四节　土建工程常用施工机械的类型及应用

考点 1　土石方工程施工机械【必会】

单项选择题

1. 【答案】C

【解析】在较硬的土中，推土机的切土深度较小，一次铲土不多，可分批集中，再整批地推送到卸土区。

2. 【答案】C

【解析】并列推土法，并列台数不宜超过4台，否则互相影响。

3. 【答案】A

【解析】施工地段较短、地形起伏不大的挖、填工程，适宜采用环形路线。对于挖、填相邻、地形起伏较大，且工作地段较长的情况，可采用8字路线。

4. 【答案】B

【解析】反铲挖土机的挖土特点是：后退向下，强制切土。

5. 【答案】C

【解析】正铲挖掘机：前进向上，强制切土，选项A错误。反铲挖掘机：后退向下，强制切土，选项B错误。抓铲挖掘机：直上直下，自重切土，选项D错误。

【名师点拨】单斗挖掘机重点掌握其挖土特点及适用性，适用性基本上从两个角度考查：适用的土质级别以及水下能否作业。其中，挖土特点中，正铲和反铲均为强制切土，而拉铲和抓铲均为自重切土。正铲可以联想用勺子挖西瓜，抓铲可以联想抓娃娃，辅助记忆。

6. 【答案】B

【解析】反铲挖掘机能开挖停机面以下的Ⅰ～Ⅲ级的砂土或黏土，适宜开挖深度4m以内的基坑，对地下水位较高处也适用。

考点 2　起重机械【重要】

一、单项选择题

7. 【答案】C

【解析】履带式起重机的主要参数有三个：起重量Q、起重高度H和起重半径R。

8. 【答案】C

【解析】塔式起重机一般均为回转且幅度可改变，如以塔身为中心，吊臂长度为半径可形成较大的有效施工覆盖面，因而在多层、高层及超高层建筑的施工中得到广泛应用。

二、多项选择题

9. 【答案】ACD

【解析】履带式起重机、汽车起重机、轮胎起重机均属于自行杆式起重机。

第五节　土建工程施工组织设计的编制原理、内容及方法

考点 1　施工组织设计的概念、作用与分类

一、单项选择题

1. 【答案】C

【解析】施工组织设计是以施工项目为对象编制的规划和指导工程投标、签订合同、施工准备、项目施工直至竣工验收全过程的技术、管理、经济全局性文件。

2. 【答案】B

【解析】按照编制对象不同，施工组织设计包括三个层次，即施工组织总设计、单位工程施工组织设计和施工方案。

3. 【答案】B

【解析】施工组织总设计应由施工项目负责人主持编制，应由总承包单位技术负责人负责审批。

二、多项选择题

4.【答案】DE

【解析】根据编制阶段的不同，施工组织设计可划分为两类，一类是投标前编制的施工组织设计，另一类是中标后编制的施工组织设计。

考点 **2** 网络计划技术【重要】

单项选择题

5.【答案】A

【解析】工作 M 有两项紧前工作，其最早完成时间分别为第 10 天和第 14 天，故工作 M 的最早开始时间为第 14 天。最迟完成时间为第 25 天，持续时间为 6 天，故最迟开始时间为第 19 天。所以，工作 M 总时差＝19－14＝5（天）。

第二章　工程计量

第一节　建筑工程识图基本原理与方法

考点 1　建筑工程识图基础知识

单项选择题

1.【答案】D

【解析】为方便查阅图纸，在每张图纸的右下角都必须有一个标题栏（简称图标）。标题栏用于填写设计单位名称、工程名称、注册师签章、图号等。

2.【答案】A

【解析】建筑总平面图，简称总平面图，是将新建建筑工程一定范围内的建筑物、构筑物及其自然状况，用水平投影图和相应的图例画出来的图样，用以表明新建建筑物及其周围的总体布局情况，主要反映新建建筑物的平面形状、位置和朝向及其与原有建筑物的关系、标高、道路、绿化、地貌、地形等情况。

考点 2　平法施工图【重要】

单项选择题

3.【答案】D

【解析】柱编号由柱类型代号和序号组成，柱的类型代号有框架柱（KZ）、转换柱（ZHZ）、芯柱（XZ）、梁上柱（LZ）、剪力墙上柱（QZ）。

4.【答案】D

【解析】当下部纵筋多于一排时，用斜线"/"将各排纵筋自上而下分开。当同排纵筋有两种直径时，用加号"＋"将两种直径的纵筋相连，注写时角筋写在前面。当梁下部纵筋不全部伸入支座时，将梁支座下部纵筋减少的数量写在括号内，用"－"表示。当梁的上部纵筋和下部纵筋为全跨相同，且多数跨配筋相同时，此项可加注下部纵筋的配筋值，用分号"；"将上部与下部纵筋的配筋值分隔开来，少数跨不同者，按原位标注处理。

5.【答案】C

【解析】KL9（6A）表示9号楼层框架梁，6跨，一端悬挑。梁的标注代号中，A为一端悬挑，B为两端悬挑，悬挑不计跨数。

第二节　建筑面积计算规则及应用

考点 1　建筑面积的概念

单项选择题

1.【答案】C

【解析】有围护结构的以围护结构外围计算。所谓围护结构是指围合建筑空间的墙体、门、窗。

2. **【答案】** A

   【解析】 建筑面积可以分为使用面积、辅助面积和结构面积。使用面积与辅助面积的总和称为"有效面积"。

考点 2　建筑面积计算规则与方法【必会】

一、单项选择题

3. **【答案】** D

   【解析】 建筑物的建筑面积应按自然层外墙结构外围水平面积之和计算。结构层高在 2.20m 及以上的，应计算全面积，结构层高在 2.20m 以下的，应计算 1/2 面积。

4. **【答案】** B

   【解析】 建筑物内设有局部楼层时，对于局部楼层的二层及以上楼层，有围护结构的应按其围护结构外围水平面积计算，无围护结构的应按其结构底板水平面积计算，且结构层高在 2.20m 及以上的，应计算全面积，结构层高在 2.20m 以下的，应计算 1/2 面积。

5. **【答案】** C

   【解析】 形成建筑空间的坡屋顶，结构净高在 2.10m 及以上的部位应计算全面积；结构净高在 1.20m 及以上至 2.10m 以下的部位应计算 1/2 面积；结构净高在 1.20m 以下的部位不应计算建筑面积。

6. **【答案】** D

   【解析】 对于场馆看台下的建筑空间，结构净高在 2.10m 及以上的部位应计算全面积；结构净高在 1.20m 及以上至 2.10m 以下的部位应计算 1/2 面积；结构净高在 1.20m 以下的部位不应计算建筑面积。室内单独设置的有围护设施的悬挑看台，应按看台结构底板水平投影面积计算建筑面积。有顶盖无围护结构的场馆看台，应按其顶盖水平投影面积的 1/2 计算面积。

7. **【答案】** B

   【解析】 地下室、半地下室应按其结构外围水平面积计算。结构层高在 2.20m 及以上的，应计算全面积；结构层高在 2.20m 以下的，应计算 1/2 面积。

8. **【答案】** A

   【解析】 出入口外墙外侧坡道有顶盖的部位，应按其外墙结构外围水平面积的 1/2 计算面积。

9. **【答案】** A

   【解析】 建筑物架空层及坡地建筑物吊脚架空层，应按其顶板水平投影计算建筑面积。结构层高在 2.20m 及以上的，应计算全面积，结构层高在 2.20m 以下的，应计算 1/2 面积。

10. **【答案】** C

    【解析】 建筑物的门厅、大厅应按一层计算建筑面积，门厅、大厅内设置的走廊应按走廊结构底板水平投影面积计算建筑面积。结构层高在 2.20m 及以上的，应计算全面积；结构层高在 2.20m 以下的，应计算 1/2 面积。

11. **【答案】** B

    【解析】 建筑物间的架空走廊，有顶盖和围护结构的，应按其围护结构外围水平面积计算全面积；无围护结构、有围护设施的，应按其结构底板水平投影面积计算 1/2 面积。

12. **【答案】** D

【解析】有柱雨篷应按其结构板水平投影面积的1/2计算建筑面积；无柱雨篷的结构外边线至外墙结构外边线的宽度在2.10m及以上的，应按雨篷结构板的水平投影面积的1/2计算建筑面积。

13. 【答案】D

【解析】有柱雨篷应按其结构板水平投影面积的1/2计算建筑面积；无柱雨篷的结构外边线至外墙结构外边线的宽度在2.10m及以上的，应按雨篷结构板的水平投影面积的1/2计算建筑面积。

【名师点拨】本题容易错选为选项B。要注意有柱雨篷没有出挑宽度的限制，也不受跨越层数的限制，均计算建筑面积。无柱雨篷结构板不能跨层，并受出挑宽度的限制。本题考查的是有柱雨篷，所以不需要看出挑宽度，1.8m属于干扰信息。

14. 【答案】A

【解析】围护结构不垂直于水平面的楼层，应按其底板面的外墙外围水平面积计算。结构净高在2.10m及以上的部位，应计算全面积；结构净高在1.20m及以上至2.10m以下的部位，应计算1/2面积；结构净高在1.20m以下的部位，不应计算建筑面积。

15. 【答案】D

【解析】建筑物的室内楼梯、电梯井、提物井、管道井、通风排气竖井、烟道，应并入建筑物的自然层计算建筑面积。

16. 【答案】D

【解析】室外楼梯应并入所依附建筑物自然层，并应按其水平投影面积的1/2计算建筑面积。

17. 【答案】A

【解析】有顶盖的采光井应按一层计算面积，结构净高在2.10m及以上的，应计算全面积，结构净高在2.10m以下的，应计算1/2面积。选项D表述错误，应该是"结构净高"。

18. 【答案】C

【解析】与室内相通的变形缝，应按其自然层合并在建筑物建筑面积内计算。对于高低联跨的建筑物，当高低跨内部连通时，其变形缝应计算在低跨面积内。

19. 【答案】B

【解析】在主体结构内的阳台，应按其结构外围水平面积计算全面积；在主体结构外的阳台，应按其结构底板水平投影面积计算1/2面积。

20. 【答案】D

【解析】窗台与室内地面高差在0.45m以下且结构净高在2.10m以下的凸（飘）窗不计算建筑面积。

21. 【答案】A

【解析】形成建筑空间的坡屋顶，结构净高在2.10m及以上的部位应计算全面积；结构净高在1.20m及以上至2.10m以下的部位应计算1/2面积；结构净高在1.20m以下的部位不应计算建筑面积。与建筑物内不相连通的建筑部件、室外爬梯不计算建筑面积。挑出宽度在2.10m以下的无柱雨篷和顶盖高度达到或超过两个楼层的无柱雨篷不计算建筑面积。

22. 【答案】C

【解析】幕墙以其在建筑物中所起的作用和功能来区分，直接作为外墙起围护作用的幕墙，按其外边线计算建筑面积；设置在建筑物墙体外起装饰作用的幕墙，不计算建筑面积。

二、多项选择题

23. 【答案】BCE

【解析】门斗应按其围护结构外围水平面积计算建筑面积。结构层高在2.20m及以上的，应计算全面积；结构层高在2.20m以下的，应计算1/2面积。选项A错误。有围护结构的舞台灯光控制室，应按其围护结构外围水平面积计算。结构层高在2.20m及以上的，应计算全面积；结构层高在2.20m以下的，应计算1/2面积。选项D错误。

24. 【答案】AC

【解析】露台、露天游泳池、花架、屋顶的水箱及装饰性结构构件，台阶，不计算建筑面积。

25. 【答案】BE

【解析】骑楼、过街楼底层的开放公共空间和建筑物通道不计算建筑面积。室外爬梯、室外专用消防钢楼梯、专用的消防钢楼梯是不计算建筑面积的。当钢楼梯是建筑物唯一通道，并兼用消防，则应按室外楼梯相关规定计算建筑面积。

26. 【答案】ACD

【解析】结构层高在2.20m及以上的，应计算全面积；结构层高在2.20m以下的，应计算1/2面积。对于形成建筑空间的坡屋顶，结构净高在1.20m以下的部位不应计算建筑面积。地下室、半地下室应按其结构外围水平面积计算，结构层高在2.20m以下的，应计算1/2面积。有顶盖无围护结构的车棚、货棚、站台、加油站、收费站等，应按其顶盖水平投影面积的1/2计算建筑面积。无柱雨篷的结构外边线至外墙结构外边线的宽度在2.10m及以上的，应按雨篷结构板的水平投影面积的1/2计算建筑面积。

第三节 土建工程工程量计算规则及应用

考点 **工程量计算规则及应用**【必会】

一、单项选择题

1. 【答案】C

【解析】建筑物场地厚度小于或等于±300mm的挖、填、运、找平，应按平整场地项目编码列项。厚度大于±300mm的竖向布置挖土或山坡切土应按一般土方项目编码列项。

2. 【答案】D

【解析】平整场地按设计图示尺寸以建筑物首层建筑面积计算。

3. 【答案】D

【解析】土石方体积应按挖掘前的天然密实体积计算。

4. 【答案】B

【解析】挖土工程量=1.5×5000/1.3=5769.23（m³）。

5. 【答案】B

【解析】沟槽、基坑、一般土方的划分为：底宽≤7m、底长>3倍底宽为沟槽；底长≤3倍底宽、底面积≤150m²为基坑；超出上述范围则为一般土方。

6. 【答案】D

【解析】建筑物场地厚度≤±300mm的挖、填、运、找平，应按平整场地项目编码列项。

厚度＞±300mm的竖向布置挖土或山坡切土应按一般土方项目编码列项。沟槽、基坑、一般土方的划分为：底宽≤7m、底长＞3倍底宽为沟槽；底长≤3倍底宽、底面积≤150m²为基坑；超出上述范围则为一般土方。工程量＝570/1.3≈438（m³）。

7. 【答案】C

【解析】挖沟槽土方、挖基坑土方按设计图示尺寸以基础垫层底面积乘以挖土深度按体积"m³"计算。基础土方开挖深度应按基础垫层底表面标高至交付施工场地标高确定，无交付施工场地标高时，应按自然地面标高确定。

【名师点拨】 首先判断如何列项，然后进一步计算工程量。沟槽、基坑和挖一般土（石）方的区分是重要考查内容。另外，工程量计算看似考查计算，实际是考查概念，如果对土方开挖深度的概念掌握不准确，此题还是无法做对，所以大家在学习过程中要注重概念的理解和掌握。

8. 【答案】C

【解析】管沟土方按设计图示以管道中心线长度计算，或按设计图示管底垫层面积乘以挖土深度以体积计算。无管底垫层按管外径的水平投影面积乘以挖土深度计算。该题中管沟土方工程量＝2×2×180＝720（m³）。

9. 【答案】D

【解析】沟槽、基坑、一般石方的划分为：底宽≤7m、底长＞3倍底宽为沟槽；底长≤3倍底宽、底面积≤150m²为基坑；超出上述范围则为一般石方。

10. 【答案】D

【解析】振冲桩（填料）以米计量，按设计图示尺寸以桩长计算；以立方米计量，按设计桩截面乘以桩长以体积计算。砂石桩按设计图示尺寸以桩长（包括桩尖）计算，以立方米计量；按设计桩截面乘以桩长（包括桩尖）以体积计算。水泥粉煤灰碎石桩按设计图示尺寸以桩长（包括桩尖）计算。深层搅拌桩按设计图示尺寸以桩长计算。

11. 【答案】C

【解析】锚杆（锚索）、土钉以米计量，按设计图示尺寸以钻孔深度计算；以根计量，按设计图示数量计算。

12. 【答案】B

【解析】地下连续墙按设计图示墙中心线长乘以厚度乘以槽深以体积计算，选项A错误。钢板桩按设计图示尺寸以质量计算；以平方米计量，按设计图示墙中心线长乘以桩长以面积计算，选项C错误。喷射混凝土（水泥砂浆）按设计图示尺寸以面积计算，选项D错误。

13. 【答案】D

【解析】地下连续墙按设计图示墙中心线长乘以厚度乘以槽深以体积计算。

14. 【答案】A

【解析】钢管桩以吨计量，按设计图示尺寸以质量计算；以根计量，按设计图示数量计算，选项B错误。挖孔桩土石方按设计图示尺寸（含护壁）截面积乘以挖孔深度以体积计算，选项C错误。钻孔压浆桩以米计量，按设计图示尺寸以桩长计算；以根计量，按设计图示数量计算，选项D错误。

15. 【答案】A

【解析】打桩的工程内容中包括了接桩和送桩，不需要单独列项，应在综合单价中考虑。

16. 【答案】C

【解析】基础与墙（柱）身使用同一种材料时，以设计室内地面为界（有地下室者，以地下室室内设计地面为界），以下为基础，以上为墙（柱）身。

17. 【答案】A

【解析】砖基础工程量按设计图示尺寸以体积计算，包括附墙垛基础宽出部分体积，扣除地梁（圈梁）、构造柱所占体积，不扣除基础大放脚T形接头处的重叠部分及嵌入基础内的钢筋、铁件、管道、基础砂浆防潮层和单个面积≤0.3m²的孔洞所占体积，靠墙暖气沟的挑檐不增加。

18. 【答案】A

【解析】砖墙按设计图示尺寸以体积计算。扣除门窗、洞口、嵌入墙内的钢筋混凝土柱、梁、圈梁、挑梁、过梁及凹进墙内的壁龛、管槽、暖气槽、消火栓箱所占体积。不扣除梁头、板头、檩头、垫木、木楞头、沿缘木、木砖、门窗走头、砖墙内加固钢筋、木筋、铁件、钢管及单个面积≤0.3m²的孔洞所占的体积。凸出墙面的砖垛并入墙体体积内计算。

19. 【答案】A

【解析】有屋架且室内外均有天棚者算至屋架下弦底另加200mm，选项A正确。女儿墙从屋面板上表面算至女儿墙顶面（如有混凝土压顶时算至压顶下表面），选项B错误。围墙的高度算至压顶上表面（如有混凝土压顶时算至压顶下表面），围墙柱并入围墙体积内计算，选项C错误。内、外山墙按其平均高度计算，选项D错误。

20. 【答案】C

【解析】空斗墙墙角、内外墙交接处、门窗洞口立边、窗台砖、屋檐处的实砌部分体积并入空斗墙体积内。空花墙按设计图示尺寸以空花部分外形体积计算，不扣除空洞部分体积。实心砖柱、多孔砖柱按设计图示尺寸以体积计算。扣除混凝土及钢筋混凝土梁垫、梁头、板头所占体积。空心砖墙按设计图示尺寸以体积计算。

21. 【答案】D

【解析】砖地沟、明沟按设计图示以中心线长度计算。砖散水、地坪按设计图示尺寸以面积计算。石挡土墙按设计图示尺寸以体积计算。

22. 【答案】A

【解析】箱式满堂基础及框架式设备基础中柱、梁、墙、板按现浇混凝土柱、梁、墙、板分别编码列项；箱式满堂基础底板按满堂基础项目列项；框架设备基础的基础部分按设备基础列项。

23. 【答案】D

【解析】有梁板的柱高，应自柱基上表面（或楼板上表面）至上一层楼板上表面之间的高度计算；无梁板的柱高，应自柱基上表面（或楼板上表面）至柱帽下表面之间的高度计算；框架柱的柱高应自柱基上表面至柱顶高度计算；构造柱按全高计算，嵌接墙体部分（马牙槎）并入柱身体积。

24. 【答案】C

【解析】现浇混凝土柱包括矩形柱、构造柱、异形柱等项目。按设计图示尺寸以体积计算。框架柱的柱高应自柱基上表面至柱顶高度计算。框架柱和板相交部分计算到柱的工程量。梁与柱连接时，梁长算至柱侧面。

25. 【答案】C

【解析】现浇混凝土梁包括基础梁、矩形梁、异形梁、圈梁、过梁、弧形梁（拱形梁）

等项目。按设计图示尺寸以体积"m³"计算。

26. 【答案】C

【解析】现浇混凝土墙包括直形墙、弧形墙、短肢剪力墙、挡土墙。按设计图示尺寸以体积计算。不扣除构件内钢筋、预埋铁件所占体积，扣除门窗洞口及单个面积大于0.3m²的孔洞所占体积，墙垛及突出墙面部分并入墙体体积内计算。当梁与混凝土墙连接时，梁的长度应计算到混凝土墙的侧面。

27. 【答案】B

【解析】现浇挑檐、天沟板、雨篷、阳台与板（包括屋面板、楼板）连接时，以外墙外边线为分界线；与圈梁（包括其他梁）连接时，以梁外边线为分界线，选项A错误。挑檐板按设计图示尺寸以体积计算，选项C错误。空心板按设计图示尺寸以体积计算，应扣除空心部分体积，选项D错误。

28. 【答案】B

【解析】现浇混凝土楼梯以平方米计量，按设计图示尺寸以水平投影面积计算。不扣除宽度小于或等于500mm的楼梯井，伸入墙内部分不计算；或以立方米计量，按设计图示尺寸以体积计算。整体楼梯（包括直形楼梯、弧形楼梯）水平投影面积包括休息平台、平台梁、斜梁和楼梯的连接梁。当整体楼梯与现浇楼板无梯梁连接时，以楼梯的最后一个踏步边缘加300mm为界。

29. 【答案】D

【解析】预制混凝土楼梯以立方米计量时，按设计图示尺寸以体积计算，扣除空心踏步板空洞体积；以段计量时，按设计图示数量计。以段计量，项目特征必须描述单件体积。

30. 【答案】C

【解析】现浇混凝土钢筋、预制构件钢筋、钢筋网片、钢筋笼，按设计图示钢筋（网）长度（面积）乘以单位理论质量计算。

31. 【答案】A

【解析】钢网架工程量按设计图示尺寸以质量计算，不扣除孔眼的质量，焊条、铆钉等不另增加质量。

32. 【答案】A

【解析】钢屋架以榀、吨计量，不扣除孔眼的质量，焊条、铆钉、螺栓等不另增加质量。

33. 【答案】D

【解析】压型钢板楼板，按设计图示尺寸以铺设水平投影面积计算，不扣除单个面积小于或等于0.3m²的柱、垛及孔洞所占面积。压型钢板墙板，按设计图示尺寸以铺挂面积计算，不扣除单个面积小于或等于0.3m²的梁、孔洞所占面积，包角、包边、窗台泛水等不另加面积。

34. 【答案】B

【解析】依附在钢柱上的牛腿及悬臂梁等并入钢柱工程量内。

35. 【答案】A

【解析】金属（塑钢）门、彩板门、钢质防火门、防盗门：以"樘"计量，按设计图示数量计算；以"m²"计量，按设计图示洞口尺寸以面积计算。五金安装应计算在综合单价中。但应注意，金属门门锁已包含在门五金中，不需要另行计算。

36. 【答案】D

【解析】门锁安装，按设计图示数量"个（套）"计算。

37. 【答案】D

【解析】木门框以樘计量，按设计图示数量计算；以米计量，按设计图示框的中心线以延长米计算。金属纱窗以樘计量，按设计图示数量计算；以平方米计量，按框的外围尺寸以面积计算。窗台板工程量按设计图示尺寸以展开面积计算。

38. 【答案】D

【解析】金属橱窗以"樘"计量，按设计图示数量计算；以"m^2"计量按设计图示尺寸以框外围展开面积计算。以"樘"计量，项目特征必须描述洞口尺寸，没有洞口尺寸必须描述窗框外围尺寸；以平方米计量，项目特征可不描述洞口尺寸及框的外围尺寸。杂填土和粉土等非黏性土效果较好。

39. 【答案】C

【解析】瓦屋面、型材屋面按设计图示尺寸以斜面积计算，选项A错误。屋面涂膜防水中，女儿墙的弯起部分并入屋面工程量内，选项B错误。屋面变形缝按设计图示以长度计算，选项D错误。

40. 【答案】D

【解析】保温隔热屋面，按设计图示尺寸以面积计算，扣除面积大于$0.3m^2$孔洞及占位面积，选项A错误。柱帽保温隔热应并入天棚保温隔热工程量内，选项B错误。防腐混凝土面层按设计图示尺寸以面积计算，选项C错误。隔离层立面防腐：扣除门、窗、洞口以及面积大于$0.3m^2$孔洞、梁所占面积，门、窗、洞口侧壁、砖垛突出部分按展开面积并入墙面积内，选项D正确。

41. 【答案】D

【解析】踢脚线：以平方米计量，按设计图示长度乘高度以面积计算；以米计量，按延长米计算。

二、多项选择题

42. 【答案】BCD

【解析】管沟土方以"m"计量，按设计图示以管道中心线长度计算；以"m^3"计量，按设计图示管底垫层面积乘以挖土深度计算。无管底垫层按管外径的水平投影面积乘以挖土深度计算。

43. 【答案】ABDE

【解析】室内回填按主墙间净面积乘以回填厚度，不扣除间隔墙，选项C错误。

44. 【答案】AB

【解析】直形墙、弧形墙、挡土墙、短肢剪力墙，按设计图示尺寸以体积计算；不扣除构件内钢筋，预埋铁件所占体积；墙垛及突出墙面部分的体积并入墙体体积计算。

45. 【答案】ABC

【解析】通常情况下，混凝土梁、柱、杆的钢筋保护层厚度不小于20mm，选项D错误。箍筋根数＝箍筋分布长度/箍筋间距＋1，选项E错误。

46. 【答案】AB

【解析】天棚抹灰适用于各种天棚抹灰，按设计图示尺寸以水平投影面积计算。不扣除间壁墙、垛、柱、附墙烟囱、检查口和管道所占的面积，带梁天棚、梁两侧抹灰面积并入天棚面积内，板式楼梯底面抹灰按斜面积计算，锯齿形楼梯底板抹灰按展开面积计算。

47. 【答案】BD

【解析】整体面层按面积计算，不扣除 $0.3m^2$ 以内的孔洞所占面积，选项 A 错误。块料面层门洞开口部分并入相应的工程量内，选项 C 错误。地毯楼地面按设计图示尺寸以面积计算，门洞开口部分并入相应的工程量内，选项 E 错误。

48.【答案】ADE

【解析】垂直运输可按建筑面积计算，也可以按施工工期日历天数计算，以天为单位，选项 B 错误。单层建筑物檐口高度超过 20m，多层建筑物超过 6 层时，可按超高部分的建筑面积计算超高施工增加，选项 C 错误。

第四节　土建工程工程量清单的编制

考点　土建工程工程量清单的编制

一、单项选择题

1.【答案】C

【解析】招标工程量清单应由具有编制能力的招标人或受其委托具有相应资质的工程造价咨询人或招标代理人编制。采用工程量清单方式招标，招标工程量清单必须作为招标文件的组成部分，其准确性和完整性由招标人负责。

2.【答案】C

【解析】分部分项工程量清单项目编码以五级编码设置，用十二位阿拉伯数字表示。

3.【答案】C

【解析】一、二位为专业工程代码，三、四位为附录分类顺序码，五、六位为分部工程顺序码，七～九位为分项工程项目名称顺序码，十至十二位为清单项目名称顺序码。

4.【答案】C

【解析】实心砖墙属于砌筑工程的砖砌体，砌筑工程的编码为：0104，故可以排除选项 A 和选项 D。砖砌体是砌筑工程的第一项，编码为 010401，故选项 C 正确。此类题目，不需要死记硬背项目编码，可以通过排除法来做题。

5.【答案】C

【解析】项目特征是表征构成分部分项工程项目、措施项目自身价值的本质特征，是对体现分部分项工程量清单、措施项目清单价值的特有属性和本质特征的描述。

6.【答案】B

【解析】工程量清单项目特征描述的重要意义：项目特征是区分具体清单项目的依据；项目特征是确定综合单价的前提；项目特征是履行合同义务的基础。项目特征描述的内容应按工程量计算规范附录中的规定，结合拟建工程的实际，能满足确定综合单价的需要。

二、多项选择题

7.【答案】ABE

【解析】以立方米为计量单位时，其计算结果应保留两位小数，选项 C 错误。以千克为计量单位时，其计算结果应保留两位小数。

8.【答案】CDE

【解析】有些措施项目是可以计算工程量的项目，如脚手架工程，混凝土模板及支架（撑）、垂直运输、超高施工增加，大型机械设备进出场及安拆，施工排水、降水等，这类措施项目按照分部分项工程项目清单的方式采用综合单价计价，更有利于措施费的确定和调整。措施项目中可以计算工程量的项目（单价措施项目）宜采用分部分项工程量清单的方式编制。

<h1 style="text-align:center">第五节　计算机辅助工程量计算</h1>

考点　BIM 技术计量【重要】

多项选择题

【答案】BCE

【解析】BIM 技术具有可视化、一体化、参数化、协调性、模拟性、优化性、可出图性和信息完备性八大特点。

第三章　工程计价

第一节　施工图预算编制的常用方法

考点　　施工图预算编制的常用方法

单项选择题

1.【答案】D

【解析】施工图预算是在项目发承包阶段（或发承包之前）为了预测或签订合同造价，依据经过审图程序、确定用于发包的施工图，由造价专业人员编制的计价文件。

2.【答案】C

【解析】当建设项目有多个单项工程时，应采用三级预算编制形式，三级预算编制形式由建设项目总预算、单项工程综合预算、单位工程预算组成。

3.【答案】A

【解析】工料单价法是以分项工程的单价为工料单价，将分项工程量乘以对应分项工程单价后的合计作为单位工程直接费，直接费汇总后，再根据规定的计算方法计取企业管理费、利润、规费和税金，将上述费用汇总后得到该单位工程的施工图预算造价。

4.【答案】B

【解析】实物量法与工料单价法首尾部分的步骤基本相同，所不同的主要是中间两个步骤：①采用实物量法计算工程量后，套用相应人工、材料、施工机具台班预算定额消耗量，求出各分项工程人工、材料、施工机具台班消耗数量并汇总成单位工程所需各类人工工日、材料和施工机具台班的消耗量；②实物量法，采用的是当时当地的各类人工工日、材料、施工机械台班、施工仪器仪表台班的实际单价分别乘以相应的人工工日、材料和施工机具台班总的消耗量，汇总后得出单位工程的直接费。

5.【答案】B

【解析】综合单价包括完成一个规定清单项目所需的人工费、材料和工程设备费、施工机具使用费、企业管理费、利润，并考虑风险费用的分摊。

第二节　预算定额的分类、适用范围、调整与应用

考点　　预算定额的分类、适用范围、调整与应用

单项选择题

1.【答案】C

【解析】预算定额按生产要素分为劳动定额、材料消耗定额和施工机械定额，它们相互依存形成一个整体，各自不具有独立性。

2.【答案】C

【解析】企业定额是施工单位根据自身企业管理水平、技术水平编制的人工、材料和机械台班消耗量标准。

第三节　建筑工程费用定额的适用范围及应用

考点　建筑工程费用定额的适用范围及应用

一、单项选择题

1.【答案】A

【解析】施工机具使用费是指施工作业所发生的施工机械、仪器仪表使用费或租赁费。大型机械进出场费和大型机械安拆费属于按造价形成划分的措施项目费。

2.【答案】B

【解析】企业管理费计算：①以人、材、机费为计算基础；②以人工费和机械费合计为计算基础；③以人工费为计算基础。

二、多项选择题

3.【答案】ABE

【解析】建筑安装工程费中的材料费，是指工程施工过程中耗费的各种原材料、半成品、构配件、工程设备等的费用，以及周转材料等的摊销、租赁费用。材料单价由材料原价、运杂费、运输损耗费、采购及保管费组成。

第四节　土建工程最高投标限价的编制

考点　土建工程最高投标限价的编制

单项选择题

1.【答案】D

【解析】招标控制价不得进行上浮或下调，选项A错误。招标人应当在招标文件中公布招标控制价的总价，以及各单位工程的分部分项工程费、措施项目费、其他项目费、规费和税金，选项B、C错误。招标人应编制招标控制价，并应当拒绝高于招标控制价的投标报价，即投标人的投标报价若超过公布的招标控制价，则其投标应被否决，选项D正确。

2.【答案】A

【解析】招标控制价应在招标文件中公布，对所编制的招标控制价不得进行上浮或下调。在公布招标控制价时，除公布招标控制价的总价外，还应公布各单位工程的分部分项工程费、措施项目费、其他项目费、规费和税金。选项B错误。招标控制价超过批准的概算时，招标人应将其报原概算审批部门审核，选项C错误。当招标控制价复查结论与原公布的招标控制价误差大于±3%时，应责成招标人改正，选项D错误。

第五节　土建工程投标报价的编制

考点　土建工程投标报价的编制

单项选择题

【答案】A

【解析】在招标投标过程中，当出现招标工程量清单特征描述与设计图纸不符时，投标人应以招标工程量清单的项目特征描述为准，确定投标报价的综合单价，选项B错误。综合单价是指完成一个规定清单项目所需的人工费、材料和工程设备费、施工机具使用费和企业管理费、利润，以及一定范围内的风险费用。风险费用是隐含于已标价工程量清单综合单价中，用于化解发承包双方在工程合同中约定的风险内容和范围的费用。选项C错误。应根据本企业的实际消耗量水平，并结合拟定的施工方案确定完成清单项目需要消耗的各种人工、材料、机械台班的数量。计算时应采用企业定额，在没有企业定额或企业定额缺项时，可参照与本企业实际水平相近的国家、地区、行业定额，并通过调整来确定清单项目的人、材、机单位用量。选项D错误。

第六节　土建工程合同价款的调整和价款结算

考点　　土建工程合同价款的调整和价款结算

单项选择题

1. 【答案】A

【解析】对于实行招标的建设工程，一般以施工招标文件中规定的提交投标文件的截止时间前的第28天作为基准日。

2. 【答案】C

【解析】乙分项工程的实际完成工程量为：$700+1000+1100+1000=3800$（m^3），不调价部分为：$3200\times(1+10\%)=3520$（m^3），需要调价部分为：$3800-3520=280$（m^3）。6月份实际完成的$1000m^3$工程量中$720m^3$不需要调价，$280m^3$需要调价，所以6月份乙分项工程的工程款为：$720\times985+280\times985\times0.9=957420$（元）$=95.742$（万元）。

第七节　土建工程竣工决算价款的编制

考点　　土建工程竣工决算价款的编制

多项选择题

【答案】AC

【解析】竣工决算是由竣工财务决算说明书、竣工财务决算报表、工程竣工图、工程竣工造价对比分析四部分组成。竣工财务决算说明书和竣工财务决算报表两部分又称建设项目竣工财务决算，是竣工决算的核心内容。

第四章　案例模块

专题一　工程量计算

案例一

±0.00以下分部分项工程清单工程量见下表。

序号	项目名称	计算式	工程量	计量单位
1	挖基础土方	$(2.4+0.1\times2)\times(3.4+0.1\times2)\times(3.6-0.3+0.1)$ $=31.824$	31.824	m³
2	基础垫层	$(2.4+0.1\times2)\times(3.4+0.1\times2)\times0.1=0.936$	0.936	m³
3	独立基础	$2.4\times3.4\times0.4+1.9\times1.4\times0.4=4.328$	4.328	m³
4	矩形柱	$0.4\times0.5\times(3.6-0.4\times2)=0.560$	0.560	m³
5	基坑回填土	$31.824-0.936-4.328\quad0.4\times0.5\times(3.6-0.4\times2-0.3)$ $=26.060$	26.060	m³

案例二

相关清单项目的工程量计算见下表。

序号	项目编码	项目名称	计量单位	计算式	工程量合计
1	010101001001	平整场地	m²	$(3.60\times3+0.12\times2)\times(3.00+0.24)+$ $(3.60\times2+0.12\times2)\times5.10=11.04\times3.24+$ $7.44\times5.10=73.71$	73.71
2	010101003001	挖沟槽土方	m³	$(10.80+8.10)\times2+(3.00-0.92)=39.88$; $V=0.92\times39.88\times1.3=47.70$	47.70
3	010101004001	挖基坑土方	m³	$V=(2.10+0.20)\times(2.10+0.20)\times1.55$ $=8.20$	8.20
4	010103002001	土方回填	m³	(1) 沟槽回填: $V_{垫层}=(37.8+2.08)\times0.92\times0.25=9.17$ $V_{室外地坪下砖基础}=(37.8+2.76)\times(1.05\times$ $0.24+0.0625\times0.126\times12)=14.05$ $V_{沟槽回填}=47.70-9.17-14.05=24.48$ (2) 基坑回填: $V_{垫层}=2.3\times2.3\times0.1=0.53$ $V_{地坪下独立基础}=1/3\times0.25\times(0.5^2+2.1^2+0.5\times$ $2.1)+1.05\times0.4\times0.4+2.1\times2.1\times0.15=1.31$ $V_{基坑回填}=8.20-0.53-1.31=6.36$ $V_{土方回填}=24.48+6.36=30.84$	30.84
5	010103001001	余方弃置	m³	$V=47.70+8.20-30.84\times1.15$(压实后利用的 土方量)$=20.43$	20.43

【名师点拨】本题是土石方内容的经典例题，多个省份的官方教材均有相似题目，教材中的例题可能要求大家使用当地的规定计算定额工程量，定额工程量与根据《房屋建筑与装饰工程工程量计算规范》（GB 50854—2013）计算出来的工程量一般不同，也正体现了清单量和定额量的区别。本题中，余方弃置中的1.15是由于回填时进行了压实（题目明确要求回填夯实），而30.84m³的坑如果回填后进行压实，用30.84m³的土是不够的，所以需要进行折算。

案例三

1. 该工程挖一般土方、土方回填、基础垫层、混凝土满堂基础、混凝土墙、综合脚手架、垂直机械运输的招标工程量清单中的数量见下表。

序号	项目编码	项目名称	项目特征	计量单位	工程量	计算过程
1	010101002001	挖一般土方	(1) 土壤类别：三类土 (2) 挖土深度：3.9m (3) 弃土运距：场内堆放运距为50m	m³	1457.09	(17.4＋0.25＋0.3×2＋0.1×2)×(19.2＋0.25＋0.3×2＋0.1×2)×3.9＝1457.09
2	010103001001	土方回填	(1) 密实度要求：符合规范要求 (2) 填方运距：50m	m³	108.44	1457.09－37.36－109.77－(17.4＋0.25)×(19.2＋0.25)×(3.9－0.1－0.3)＝108.44
3	010501001001	基础垫层	(1) 混凝土种类：预拌混凝土 (2) 混凝土强度等级：C15	m³	37.36	(17.4＋0.25＋0.3×2＋0.1×2)×(19.2＋0.25＋0.3×2＋0.1×2)×0.1＝37.36
4	010501004001	满堂基础	(1) 混凝土种类：预拌混凝土 (2) 混凝土强度等级：C30	m³	109.77	(17.4＋0.25＋0.3×2)×(19.2＋0.25＋0.3×2)×0.3＝109.77
5	010504001001	直行墙	(1) 混凝土种类：预拌混凝土 (2) 混凝土强度等级：C30	m³	69.54	(17.4×2＋19.2×2)×0.25×(4.2－0.1－0.3)＝69.54
6	010515001001	现浇构件钢筋	(1) 钢筋种类：带肋钢筋 HRB400 (2) 钢筋型号：Φ22	t	28.96	
7	011701001001	综合脚手架	(1) 建筑结构形式：地上框架、地下剪力墙结构 (2) 檐口高度：11.60m	m²	1600.00	建筑面积 1600.00
8	011703001001	垂直机械运输	(1) 建筑结构形式：地上框架、地下剪力墙结构 (2) 檐口高度、层数：11.60m、三层	m²	1600.00	建筑面积 1600.00

续表

序号	项目编码	项目名称	项目特征	计量单位	工程量	计算过程
9		其他工程	略			

2. （1）机械挖一般土方工程量：

挖土方下底面面积＝（17.4＋0.25＋0.3×2＋0.1×2＋0.3×2）×（19.2＋0.25＋0.3×2＋0.1×2＋0.3×2）＝397.19（m²）。

挖土方上底面面积＝（17.4＋0.25＋0.3×2＋0.1×2＋0.3×2＋3.9×0.25×2）×（19.2＋0.25＋0.3×2＋0.1×2＋0.3×2＋3.9×0.25×2）＝478.80（m²）。

机械挖土体积 V_w ＝（397.19＋478.80＋$\sqrt{397.19×478.80}$）×3.9×1/3＝1705.70（m³）。

机动翻斗车场内运输所挖全部土方工程量＝挖土体积＝1705.70（m³）。

（2）基础回填土工程量 V_T ＝ V_w －室外地坪标高以下埋设物＝1705.70－37.36－109.77－（17.4＋0.25）×（19.2＋0.25）×（3.9－0.1－0.3）＝357.05（m³）。

机动翻斗车场内运输回填土方工程量＝357.05（m³）。

案例四

1. （1）柱工程量：

KZ1＝0.3×0.4×3.8×4＝1.82（m³）。

KZ2＝0.3×0.45×3.8×2＝1.03（m³）。

框架柱工程量＝KZ1＋KZ2＝1.82＋1.03＝2.85（m³）。

GZ1＝[0.24×0.24＋0.24×0.03×3]×（3.8－0.6）＝0.25（m³）。

GZ2＝[0.24×0.24＋0.24×0.03×2]×（3.8－0.6）＝0.23（m³）。

GZ＝0.25＋0.23＝0.48（m³）。

（2）梁工程量：

KL1＝0.25×0.6×（6－0.28×2）×2＝1.63（m³）。

KL2＝0.25×0.6×（6－0.33×2）＝0.80（m³）。

KL3＝0.25×0.5×（7.5－0.3－0.18×2）×2＝1.71（m³）。

L1＝0.25×0.45×（7.5－0.25－0.13×2）＝0.79（m³）。

梁的工程量＝KL1＋KL2＋KL3＋L1＝1.63＋0.80＋1.71＋0.79＝4.93（m³）。

过梁＝0.24×0.12×（0.9＋0.5）＋0.24×0.12×（1.5＋0.5）＝0.10（m³）。

（3）砌体砌筑工程量：

KL1下砌筑工程量（暂不考虑洞口、过梁、构造柱）＝0.24×（6－0.28×2）×（3.8－0.6）×2＝8.36（m³）。

KL3下砌筑工程量＝[0.24×（7.5－0.3－0.18×2）×（3.8－0.5）]×2＝10.83（m³）。

KL2下砌筑工程量＝0.24×（3－0.33＋0.12）×（3.8－0.6）＝2.14（m³）。

L1下砌筑工程量＝0.24×（3－0.24）×（3.8－0.45）＝2.22（m³）。

窗洞口体积＝（1.5×2.1＋1.2×2.1）×2×0.24＝2.72（m³）。

门洞口体积＝（1.5×2.5＋0.9×2.1）×0.24＝1.35（m³）。

砌体总量＝8.36＋10.83＋2.14＋2.22－2.72－1.35－0.48－0.10＝18.90（m³）。

（4）块料面层工程量：

净面积：$(6-2×0.12)×(7.5-2×0.12)=41.82$（$m^2$）。

柱子：$(0.3-0.24)×(0.4-0.24)×4+0.3×(0.45-0.24)×2=0.16$（$m^2$）。

墙体：$0.24×(3-0.33+0.12)+0.24×(3-0.24)=1.33$（$m^2$）。

洞口：$0.24×(0.9+1.5)=0.58$（m^2）。

块料面层工程量＝净面积－柱子－墙体＋洞口＝$41.82-0.16-1.332+0.58=40.91$（$m^2$）。

（5）地面垫层工程量＝块料面层工程量$×0.1=4.091$（m^3）。

2. 分部分项工程量清单见下表。

序号	项目编码	项目名称	项目特征	计量单位	工程量
1	010502001001	矩形柱	（1）泵送商品混凝土 （2）C30	m^3	2.85
2	010502002001	构造柱	（1）非泵送商品混凝土 （2）C25	m^3	0.48
3	010503002001	矩形梁	（1）泵送商品混凝土 （2）C30	m^3	4.93
4	010503005001	过梁	（1）非泵送商品混凝土 （2）C25	m^3	0.10
5	010401004001	多孔砖墙	（1）240×115×90 非黏土烧结页岩多孔砖墙 （2）DM M7.5 干混砌筑砂浆	m^3	18.90
6	010404001001	垫层	100mm 厚碎石干铺垫层	m^3	4.09
7	011102003001	块料地面	（1）80mm 厚 C20 非泵送商品细石混凝土找平层 （2）粘结剂密缝铺贴白色地砖（600mm×600mm）	m^2	40.91

案例五

1. 分部分项工程量清单见下表。

序号	项目编码	项目名称及特征	计量单位	工程量
1	010401003001	实心砖（外）墙 普通砖外墙，混水墙 MU10.0 墙体厚度：200mm 砂浆等级：M7.5 水泥砂浆	m^3	外墙面积＝$(3.6×3+5.8)×2×(3.3+3×2+0.9-0.13)=334.32$（$m^2$） 外墙门窗面积＝$1×2.4×3+1.5×1.8×17=53.10$（$m^2$） 外墙砌体体积＝$(334.32-53.10)×0.2-0.2×0.18×(3.6×3+5.8)×2×3=52.66$（$m^3$）

续表

序号	项目编码	项目名称及特征	计量单位	工程量
2	010401003002	实心砖（内）墙 普通砖内墙，混水墙 MU10.0 墙体厚度：200mm 砂浆等级：M7.5 水泥砂浆	m³	内墙面积＝（5.8－0.2）×2×9.3＝104.16（m²） 门窗面积＝2×0.9×2×3＝10.80（m²） 内墙体积＝（104.16－10.8）×0.2＝18.67（m³）

2. 底层现浇水磨石地面工程量＝（3.6－0.2）×（5.8－0.2）×3＝57.12（m²）。

专题二　工程计价

案例一

3-37H：基价＝2661.10＋（175.37－173.27）×1.890＝2665.07（元/10m³）。

案例二

套用定额 12－1H 换算后：

（1）人工费＝1498.23－2.94×155＝1042.53（元/100m²）。

（2）材料费＝1042.68＋（446.95－446.85）×2.32－［51.83＋（446.95－446.85）×0.116］×5＝783.704（元/100m²）。

（3）机械费＝22.48－1.16×5＝16.68（元/100m²）。

（4）管理费＝（人工费＋机械费）×企业管理费费率＝（1042.53＋16.68）×15.16%＝160.576（元/100m²）。

（5）利润＝（人工费＋机械费）×利润费率＝（1042.53＋16.68）×7.62%＝80.712（元/100m²）。

单独装饰工程定额清单综合单价＝人＋材＋机＋管＋利＝1042.53＋783.704＋16.68＋160.576＋80.712＝2084.20（元/100m²）。

案例三

（1）人工费＝1.008×154＝155.23（元）。

（2）材料费＝5.236×60＋0.105×7.96＋0.236×192.88＝360.52（元）。

（3）机械费＝0.039×215.26＝8.40（元）。

（4）企业管理费＝（人＋机）×企业管理费费率＝（141.12＋8.40）×15%＝22.43（元）。

（5）利润＝（人＋机）×利润率＝（141.12＋8.40）×11%＝16.45（元）。

（6）综合单价＝人＋材＋机＋管＋利＝155.23＋360.52＋8.40＋22.43＋16.45＝563.03（元/m³）。

案例四

1.（1）人工费＝4.560×120＝547.20（元/100m²）。

（2）材料费＝2202.49＋（23－14.8）×123.41＝3214.45（元/100m²）。

（3）机械费＝0 元/100m²。

清单项目的基价＝人工费＋材料费＋机械费＝547.20＋3214.45＋0＝3761.65（元/100m²）。

2. （1）管理费＝（人工费＋材料费＋机械费）×企业管理费费率＝3761.65×5.11％×95％＝182.61（元/100m²）。

（2）利润＝（人工费＋材料费＋机械费＋企业管理费）×利润率＝（3761.65＋182.61）×3.11％×95％＝116.53（元/100m²）。

（3）综合单价＝人＋材＋机＋管＋利＝547.20＋3214.45＋0＋182.61＋116.53＝4060.79（元/100m²）＝40.61（元/m²）。

（4）合价＝综合单价×工程量＝326.75×40.61＝13269.32（元）。

【名师点拨】企业管理费和利润计算均属于费用定额的考查，此类费用均为相应的取费基数乘以对应的费率。在这里，需要重点掌握各自的取费基数，不同省份的取费基数不同，所以各位应试人员需要掌握当地的取费基数。一般考试题目也不会告知取费基数，而是将其当作默认的已知条件。

案例五

单位工程最高投标限价见下表。

序号	内容	计算方法	金额/万元
1	分部分项工程	1.1＋1.2＋1.3	40763.70
1.1	建筑工程	90586×2300	20834.78
1.2	安装工程	90586×1200	10870.32
1.3	装饰装修工程	90586×1000	9058.60
2	措施项目费	分部分项工程费×2.5％	1019.09
2.1	其中：安全文明施工费	分部分项工程费×1.5％	611.46
3	其他项目费	—	800.00
4	规费	分部分项工程费×15％×8％	489.16
5	税金（扣除不列入计税范围的工程设备金额）	（1＋2＋3＋4）×9％	3876.48
招标控制价合计＝（1＋2＋3＋4＋5）＝46948.43（万元）			

案例六

（1）安全文明施工费＝2000000.00×3.5％＝70000.00（元）。

（2）措施项目费＝150000.00＋70000.00＝220000.00（元）。

（3）人工费＝2000000.00×8％＋220000.00×15％＝193000.00（元）。

（4）总承包服务费＝110000.00×5％＝5500.00（元）。

（5）规费＝193000.00×21％＝40530.00（元）。

（6）增值税＝（2000000.00＋220000.00＋110000.00＋5500.00＋40530.00）×10％＝237603.00（元）。

单位工程最高投标限价汇总见下表。

序号	汇总内容	金额/元	其中暂估价/元
1	分部分项工程	2000000.00	
2	措施项目	220000.00	
2.1	其中：安全文明施工费	70000.00	
3	其他项目费	115500.00	110000.00
3.1	其中：专业工程暂估价	110000.00	110000.00
3.2	其中：总承包服务费	5500.00	
4	规费（人工费21%）	40530.00	
5	增值税	237603.00	
招标控制价合计＝（1＋2＋3＋4＋5）＝2613633.00（元）			

专题三　合同价款调整与结算

案例一

（1）（5594－5080）/5080＝10％＞5％。

清单项A的结算总价＝5080×（1＋5％）×452＋[5594－5080×（1＋5％）]×452×（1－5％）＝2522612（元）。

（2）（8918－8205）/8918＝8％＞5％。

清单项B的结算总价＝8205×140×（1＋5％）＝1206135（元）。

案例二

价格调整金额＝1500×[0.3＋（0.1×90/80＋0.1×102/100＋0.15×120/110＋0.15×110/120＋0.2×120/115）－1]＝36.98（万元）。

案例三

1. 工程价款的结算方式有：按月结算、按形象进度分段结算、竣工后一次结算和双方约定的其他结算方式。

2.（1）工程预付款＝420×20％＝84.00（万元）。

（2）起扣点＝价款总款－预付款/材料比重＝420－84/60％＝280.00（万元）。

3.（1）各月拨付工程款：

3月：工程款40万元，累计支付工程款40.00万元。

4月：工程款90万元，累计支付工程款＝40＋90＝130.00（万元）。

5月：工程款＝200－（200＋130－280）×60％＝170.00（万元）。

（2）累计支付工程款＝130＋170＝300.00（万元）。

4.（1）工程结算总造价＝420＋420×60％×12％＝450.24（万元）。

（2）甲方应付工程结算价款＝450.24×（1－3％）－300－84＝52.73（万元）。

5. 0.5万元维修费应从扣留的质量保证金中支付。

案例四

1. 预付款＝（2500×200＋3400×180）×20％＝222400（元）＝22.24（万元）。

2.（1）1月份：

工程量价款＝550×200＋700×180＝236000（元）＝23.6（万元）。

应签证的工程款＝23.6×1.2×（1－3％）＝27.4704（万元）。

由于工程师签发月度付款最低金额为30万元，所以本月不予签发付款凭证。

（2）2月份：

工程量价款＝800×200＋1050×180＝349000（元）＝34.9（万元）。

应签证的工程款＝34.9×1.2×（1－3％）＝40.6236（万元）。

签发付款凭证金额＝27.4704＋40.6236＝68.094（万元）。

（3）3月份：

工程量价款＝1000×200＋800×180＝344000（元）＝34.4（万元）。

应签证的工程款＝34.4×1.2×（1－3％）＝40.0416（万元）。

扣除预付款后金额＝40.0416－22.24×50％＝28.9216（万元）。

由于工程师签发月度付款最低金额为30万元，所以本月不予签发付款凭证。

（4）4月份：

1）A项累计完成工程量＝550＋800＋1000＋650＝3000（m³）。

（3000－2500）/2500＝20％＞10％，需要进行调价。

超过10％的工程量＝3000－2500×（1＋10％）＝250（m³）。

A项工程量价款＝（650－250）×200＋250×200×0.9＝125000（元）＝12.5（万元）。

2）B项累计完成工程量＝700＋1050＋800＋600＝3150（m³）。

（3400－3150）/3400＝7.35％＜10％，价款不予调整。

B项工程量价款＝600×180＝108000（元）＝10.8（万元）。

3）A和B两项工程量价款合计＝12.5＋10.8＝23.3（万元）。

应签证的工程款＝23.3×1.2×（1－3％）－22.24×50％＝16.0012（万元）。

签发付款凭证金额＝28.9216＋16.0012＝44.9228（万元）。

案例五

1. 事件1费用和工期索赔不成立。

理由：租赁挖掘机出现机械故障属于承包方应该承担的风险，故费用和工期不能索赔。

2. 针对事件2：

（1）工期可以索赔5天。

（2）人工费用可以索赔：15×83＋5×83×0.6＝1494（元）。

机械费可以索赔：5×650＝3250（元）。

增加用工所需的管理费：15×83×30％＝373.5（元）。

理由：遇到软弱土层属于发包方应该承担的责任，故工期和费用均可以索赔。

3. 事件3工期可以索赔工期3天，费用不可以索赔。

理由：罕见暴雨属于不可抗力，因发生不可抗力事件导致工期延误的，工期相应顺延、费用自理。

案例六

1. 因不可抗力事件导致的人员伤亡、财产损失及其费用增加，发承包双方应按以下原则分别承担并调整合同价款和工期：

（1）合同工程本身的损害、因工程损害导致第三方人员伤亡和财产损失以及运至施工场地用于施工的材料和待安装的设备损害，由发包人承担。

(2) 发包人、承包人人员伤亡由其所在单位负责，并承担相应费用。

(3) 承包人的施工机械设备损坏及停工损失，由承包人承担。

(4) 停工期间，承包人应发包人要求留在施工场地的必要的管理人员及保卫人员的费用由发包人承担。

(5) 工程所需清理、修复费用，由发包人承担。

(6) 因发生不可抗力事件导致工期延误的，工期相应顺延。发包人要求赶工的，承包人应采取赶工措施，赶工费用由发包人承担。

2. (1) 针对"遭暴风雨袭击造成的损失，应由建设单位承担赔偿责任"要求。

处理：暴风雨属于不可抗力因素，所以遭受暴风雨袭击造成的损失由发包人、承包人各自承担。

(2) 针对"已建部分工程造成破坏，损失 26 万元，应由建设单位承担修复的经济责任"要求。

处理：工程本身的损害由发包人承担。

(3) 针对"此灾害造成施工单位人员 8 人受伤，处理伤病医疗费用和补偿金总计 2.8 万元，建设单位应给予补偿"要求。

处理：发包人、承包人人员伤亡由其所在单位负责，并承担相应费用。

(4) 针对"施工单位现场使用的机械、设备受到损坏，造成损失 6 万元；由于现场停工造成机械台班费损失 2 万元，工人窝工费 4.8 万元，建设单位应承担修复和停工的经济责任"要求。

处理：暴风雨属于不可抗力因素，施工单位因暴风雨造成的损失由施工单位负责。

(5) 针对"此灾害造成现场停工 5 天，要求合同工期顺延 5 天"要求。

处理：因发生不可抗力事件导致工期延误的，工期相应顺延。

(6) 针对"由于工程被破坏，清理现场需费用 2.5 万元，应由建设单位支付"要求。

处理：工程所需清理、修复费用，由发包人承担。

案例七

1. 关键路线为所有线路中最长的线路，工期为 22 个月。线路为①→②→⑤→⑦→⑧，关键工作为工作 A、E、H。

2. 工作 B 总时差为 3 天。

   工作 C 总时差为 2 天。

   工作 G 总时差为 3 天。

3. 工作 C 和工作 G 共用一台施工机械且需按先后顺序施工时，有两种可行的方案：

   方案一：按先 C 后 G 顺序施工，调整后网络计划见下图。

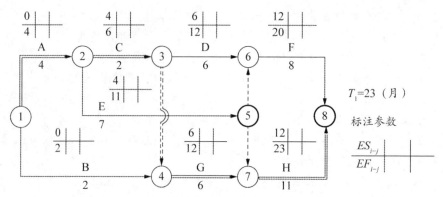

方案二：按先 G 后 C 顺序施工，调整后网络计划见下图。

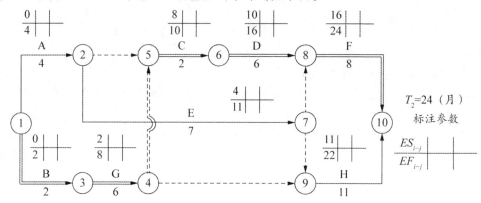

通过上述两方案的比较，方案一的工期比方案二的工期短，且满足合同工期的要求。因此，应按先 C 后 G 的顺序组织施工较为合理。

案例八

1. 工作 B、E、J 的施工顺序为 B→E→J，故需要在⑥到⑧之间加上一个虚工作，由⑥指向⑧。调整后的网络计划见下图。

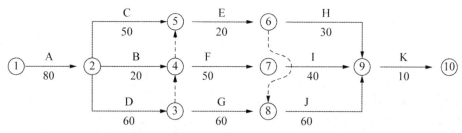

2. （1）为节约特种设备租赁费用，该特种设备最迟第 150 日末必须租赁进场。
   理由：在 150 日末的时候，工作 B 已经将总时差用完，如果再晚开始就会影响总工期。
   （2）该特种设备在现场的闲置时间为 10 天。

专题四　综合案例

1. 工程量计算见下表。

序号	项目名称	单位	计算过程	计算结果
1	C15 混凝土垫层	m³	基础一垫层：(8+0.2)×(10+0.2)×0.1×18=150.55 基础二垫层：(7+0.2)×(9+0.2)×0.1×16=105.98 合计：150.55+105.98=256.53	256.53
2	C30 混凝土独立基础	m³	基础一：[8×10×1+(8-0.5×2)×(10-1×2)×1+(8-0.5×2)×(10-2.5×2)×1]×18=3078.00 基础二：[7×9×1+(7-0.5×2)×(9-0.5×2)×1]×16=1776.00 合计：3078.00+1776.00=4854.00	4854.00
3	C30 混凝土矩形基础柱	m³	基础一柱：2×2×4.7×2×18=676.80 基础二柱：1.5×1.5×5.7×3×16=615.60 合计：676.80+615.60=1292.40	1292.40
4	钢筋（综合）	t	独立基础钢筋：4854.00×72.50/1000=351.92 矩形基础柱钢筋：1292.40×118.70/1000=153.41 合计：351.92+153.41=505.33	505.33

2. （1）人工工日（综合）消耗量＝256.53×0.40+4854.00×0.60+1292.40×0.70+505.33×6.00=6951.67（工日）。

人工（综合）费＝6951.67×110=764683.70（元）。

（2）C15 商品混凝土消耗量＝256.53×1.02=261.66（m³）。

C15 商品混凝土费用＝261.66×400=104664.00（元）。

（3）C30 商品混凝土消耗量＝（4854.00+1292.40）×1.02=6269.33（m³）。

C30 商品混凝土费用＝6269.33×460=2883891.80（元）。

（4）钢筋（综合）消耗量＝505.33×1.03=520.49（t）。

钢筋（综合）费用＝520.49×3600=1873764.00（元）。

（5）其他辅助材料费＝256.53×8.00+4854.00×12.00+1292.40×13.00+505.33×117.00=136225.05（元）。

（6）机械使用费（综合）＝256.53×1.60+4854.00×3.90+1292.40×4.20+505.33×115.00=82882.08（元）。

（7）分部分项工程人、材、机使用费＝764683.70+104664.00+2883891.80+1873764.00+136225.05+82882.08=5846110.63（元）。

（8）单价措施人、材、机费为 640000 元。

（9）安全文明措施及其他总价措施费的人、材、机费＝（5846110.63+640000）×2.5%=162152.77（元）。

（10）分部分项和措施项目人、材、机费用＝5846110.63+640000+162152.77=6648263.40（元）。

分部分项工程和措施项目人、材、机费计算见下表。

序号	项目名称	单位	消耗量	除税单价/元	除税合价/元
1	人工费（综合）	工日	6951.67	110.00	764683.70
2	C15 商品混凝土	m³	261.66	400.00	104664.00
3	C30 商品混凝土	m³	6269.33	460.00	2883891.80
4	钢筋（综合）	t	520.49	3600.00	1873764.00

序号	项目名称	单位	消耗量	除税单价/元	除税合价/元
5	其他辅助材料费	元	—	—	136225.05
6	机械使用费（综合）	元	—	—	82882.08
7	单价措施人、材、机费	项	—	—	640000.00
8	安全文明措施及其他总价措施人、材、机费	元	—	—	162152.77
9	人、材、机费合计	元	—	—	6648263.40

3. 钢筋混凝土基础分部分项工程费用目标管理控制价见下表。

序号	费用名称	计费基础	金额/元
1	人、材、机费	—	6600000.00
	其中：人工费	分部分项人、材、机费	858000.00
2	企业管理费	分部分项人、材、机费	396000.00
3	利润	分部分项人、材、机费＋企业管理费	349800.00
4	规费	人工费	180180.00
5	增值税	分部分项人、材、机费＋企业管理费＋利润＋规费	677338.20
	目标管理控制价合计	—	8203318.20

人工费＝6600000×13％＝858000.00（元）。

企业管理费＝6600000×6％＝396000.00（元）。

利润＝（6600000＋396000）×5％＝349800.00（元）。

规费＝858000×21％＝180180.00（元）。

增值税＝（6600000＋396000＋349800＋180180）×9％＝7525980×9％＝677338.20（元）。

目标管理控制价合计＝6600000＋396000＋349800＋180180＋677338.20＝8203318.20（元）。

真题汇编

一、单项选择题

1.【答案】B

【解析】从室外设计地坪至基础底面的垂直距离称基础的埋深，建筑物上部荷载的大小、地基土质的好坏、地下水位的高低、土壤冰冻的深度以及新旧建筑物的相邻交接等，都将影响基础的埋深。

2.【答案】A

【解析】墙按结构受力情况分为承重墙和非承重墙两种。

3.【答案】A

【解析】沉降缝是指将建筑物或构筑物从基础到顶部分隔成段的竖直缝，或是将建筑物或构筑物的地面或屋面分隔成段的水平缝，借以避免因各段荷载不均引起下沉而产生裂缝。它通常设置在荷载或地基承载力差别较大的各部分之间，或在新旧建筑的连接处。

4.【答案】D

【解析】混凝土的立方体抗压强度与强度等级：按照标准的制作方法制成边长为 150mm 的立方体试件，在标准养护条件下，养护到 28d，按照标准的测定方法测定其抗压强度值称为混凝土立方体试件抗压强度。

5.【答案】A

【解析】振动碾是一种振动和碾压同时作用的高效能压实机械，比一般平碾提高功效 1～2 倍，可节省动力 30％。这种方法对于振实填料为爆破石渣、碎石类土、杂填土和粉土等非黏性土效果较好。

6.【答案】B

【解析】墙体转角处和纵横墙交接处应同时砌筑。临时间断处应砌成斜槎，斜槎水平投影长度不应小于高度的 2/3。

7.【答案】C

【解析】模板的拆除顺序一般是先拆非承重模板，后拆承重模板；先拆侧模板，后拆底模板。框架结构模板的拆除顺序一般是柱→楼板→梁侧模→梁底模。拆除大型结构的模板时，必须事先制定详细方案。

8.【答案】D

【解析】先张法是在浇筑混凝土前张拉预应力钢筋，并将张拉的预应力钢筋临时固定在台座或钢模上，然后再浇筑混凝土。待混凝土达到一定强度，保证预应力筋与混凝土有足够的粘结力时，放松预应力筋，借助于混凝土与预应力筋的粘结，使混凝土产生预压应力。

9.【答案】B

【解析】卷材的铺设方向应根据屋面坡度和屋面是否有振动来确定。当屋面坡度小于 3％ 时，卷材宜平行于屋脊铺贴；屋面坡度在 3％～15％ 时，卷材可平行或垂直于屋脊铺贴；屋面坡度大于 15％ 或受振动时，沥青卷材应垂直于屋脊铺贴，其他可根据实际情况考虑采用平行或垂直屋脊铺贴。由檐口向屋脊一层层地铺设，各类卷材上下应搭接，多层卷材的搭接位置应错开，上下层卷材不得垂直铺贴。

10.【答案】D

【解析】反铲挖掘机的特点是"后退向下，强制切土"。

11.【答案】C

【解析】（1）从左到右：计算 ES、EF，累加取大。（2）从右到左：计算 LF、LS，逆减取小。由题意可知，$LS_B=7$、$LS_C=8$、$LS_D=5$、$LS_E=7$，所以 A 工作的最迟完成时间为 5。

12.【答案】A

【解析】无梁楼板：在楼板跨中设置柱子来减小板跨，不设主梁和次梁。在柱与楼板连接处，柱顶构造分为有柱帽和无柱帽两种。荷载较小时，采用无柱帽的形式，荷载较大时，采用有柱帽的形式以增加柱对板的支托面积。

13.【答案】B

【解析】使用面积是指直接为生产和生活提供服务的净面积，如工业厂房的生产车间；如住宅楼的客厅、卧室、厨房、卫生间等，也称居住面积。

14.【答案】B

【解析】有永久性顶盖无围护结构的场馆看台应按其顶盖水平投影面积的 1/2 计算。

15.【答案】B

【解析】以幕墙作为围护结构的建筑物，应按幕墙外边线计算建筑面积。

16.【答案】D

【解析】沟槽、基坑、一般土方的划分为：①沟槽：底宽≤7m，底长＞3 倍底宽；②基坑：底长≤3 倍底宽、底面积≤150m²；③超出上述范围则为一般土方。

17.【答案】A

【解析】基础与墙（柱）身的划分：基础与墙（柱）身使用同一种材料时，以设计室内地面为界（有地下室者，以地下室室内设计地面为界），以下为基础，以上为墙（柱）身。基础与墙身使用不同材料时，位于设计室内地面高度小于或等于≤±300mm 时，以不同材料为分界线，高度＞±300mm 时，以设计室内地面为分界线。砖围墙应以设计室外地坪为界，以下为基础，以上为墙身。

18.【答案】A

【解析】楼（地）面变形缝，按设计图示以长度计算。木扶手油漆，按设计图示尺寸以长度计算。木窗帘盒，按设计图示尺寸以长度计算。

19.【答案】C

【解析】综合单价＝人工费＋材料费＋机械费＋风险费＋企业管理费＋利润。

20.【答案】C

【解析】乙分项工程的实际完成工程量为：700＋1000＋1100＋1000＝3800（m³），不调价部分为：3200×（1＋10%）＝3520（m³），需要调价部分为：3800－3520＝280（m³）。6月份实际完成的 1000m³ 工程量中 720m³ 不需要调价，280m³ 需要调价，所以 6 月份乙分项工程的工程款为：720×985＋280×985×0.9＝957420（元）＝95.742（万元）。

二、多项选择题

21.【答案】ABCE

【解析】耐久年限为 25～50 年，适用于次要的建筑。耐久年限为 15 年以下，适用于临时性建筑。选项 D 错误。

22. 【答案】CDE

　　【解析】建筑物一般均由基础、墙或柱、楼板与地面、楼梯、屋顶、门窗六大部分组成，选项 A 错误。当地下室地坪位于常年地下水位以上时，地下室需要做防潮处理，选项 B 错误。外墙外保温对提高室内温度的稳定性有利，选项 C 正确。伸缩缝基础因受温度变化影响较小，不必断开，沉降缝基础部分要断开，选项 D 正确。圈梁在水平方向将楼板与墙体箍住，构造柱从竖向加强墙体的连接，与圈梁一起形成空间骨架，提高建筑物的整体刚度和墙体的延展性，约束墙体裂缝的开展，从而增强建筑物承受地震作用的能力，选项 E 正确。

23. 【答案】ABCD

　　【解析】影响混凝土强度的因素主要有水泥强度等级和水胶比（水灰比）、骨料、龄期、施工质量、养护温度和湿度等。

24. 【答案】CDE

　　【解析】填土压实方法有：碾压法、夯实法及振动压实法。

25. 【答案】ADE

　　【解析】一般当基坑不大时，打桩应从中间开始分头向两边或周边进行；当基坑较大时，应将基坑分为数段，而后在各段范围内分别进行。打桩应避免自外向内，或从周边向中间进行。当桩基的设计标高不同时，打桩顺序宜先深后浅；当桩的规格不同时，打桩顺序宜先大后小、先长后短。

26. 【答案】ABCD

　　【解析】分部分项工程项目清单必须载明项目编码、项目名称、项目特征、计量单位和工程量。

27. 【答案】ADE

　　【解析】建筑物的室内楼梯间、电梯井、观光电梯井、提物井、管道井、通风排气竖井、垃圾道、附墙烟囱，应按建筑物的自然层计算建筑面积。

28. 【答案】BCDE

　　【解析】混凝土保护层是结构构件中钢筋外边缘至构件表面范围用于保护钢筋的混凝土。构件中受力钢筋的保护层厚度不应小于钢筋的公称直径 d。钢筋混凝土基础宜设置混凝土垫层，基础中钢筋的混凝土保护层厚度应从垫层顶面算起，且不应小于 40mm。

29. 【答案】ACE

　　【解析】有梁板的柱高，应自柱基上表面（或楼板上表面）至上一层楼板上表面之间的高度计算，选项 A 正确。无梁板的柱高，应自柱基上表面（或楼板上表面）至柱帽下表面之间的高度计算，选项 B 错误。框架柱的柱高应自柱基上表面至柱顶高度计算，选项 C 正确。构造柱嵌接墙体部分并入柱身体积，选项 D 错误、选项 E 正确。

30. 【答案】ABC

　　【解析】天棚抹灰按设计图示尺寸以水平投影面积计算。不扣除间壁墙、垛、柱、附墙烟囱、检查口和管道所占的面积，带梁天棚、梁两侧抹灰面积并入天棚面积内，板式楼梯底面抹灰按斜面积计算，锯齿形楼梯底板抹灰按展开面积计算。

三、案例题

(一)【湖北 2021 真题】

1. (1) KL 的截面尺寸：250mm×500mm。

　　(2) 跨数：3 跨。

（3）上部通长筋的钢筋信息：2 根直径为 22mm 的 HRB400 钢筋。

（4）箍筋信息：直径为 8mm 的 HPB300 钢筋，加密区间距为 100mm、非加密区间距为 200mm，加密区和非加密区都是 4 肢箍。

2. （1）KL1 混凝土工程量＝0.25×0.5×（4＋7＋4＋0.4－0.4×4）＝1.73（m³）。

（2）上部通长筋总长度＝（4＋7＋4＋0.4－0.4×2＋0.705×2）×2＝32.02（m）。

总重量＝0.006165×22×22×32.02/1000＝0.096（t）。

【注意】 2021 年考试真题使用的是 16G101 图集，而现行的平法图集是 22G101。但是所涉及的知识点 2016 版和 2022 版没有实质性区别，所以不影响学习。针对二级造价工程师考试，通过本题大家掌握简单的平法计算即可。

（二）【陕西 2020 改编】

1. 人工费＝（11.79－2.360×0.69）×120＝1219.392（元/10m³）。

材料费＝1513.46＋（650－126.93）×2.360＋（350－230）×5.236＝3376.225（元/10m³）。

机械费＝0（元/10m³）。

基价＝1219.392＋3376.225＋0＝4595.617（元/10m³）。

2. 管理费＝直接工程费×企业管理费费率＝4595.617×5.11％＝234.836（元/10m³）。

利润＝（直接工程费＋企业管理费）×利润率＝（4595.617＋234.836）×3.11％＝150.227（元/10m³）。

综合单价＝人工费＋材料费＋施工机具使用费＋企业管理费＋利润＝1219.392＋3376.225＋0＋234.836＋150.227＝4980.68（元/10m³）。

合价＝498.068×50.6＝25202.2408（元）。

亲爱的读者：

    如果您对本书有任何 感受、建议、纠错，都可以告诉我们。

我们会精益求精，为您提供更好的产品和服务。

    祝您顺利通过考试！

扫码参与调查

环球网校造价工程师考试研究院